# 电子发射与光电阴极

徐 源 著

哈尔滨出版社
HARBIN PUBLISHING HOUSE

图书在版编目（CIP）数据

电子发射与光电阴极 / 徐源著. -- 哈尔滨：哈尔滨出版社, 2025. 1. -- ISBN 978-7-5484-8152-2

Ⅰ. O462. 1；O462. 3

中国国家版本馆 CIP 数据核字第 2024YV2508 号

书　　名：**电子发射与光电阴极**
DIANZI FASHE YU GUANGDIAN YINJI

---

作　　者：徐　源　著
责任编辑：赵海燕

---

出版发行：哈尔滨出版社(Harbin Publishing House)
社　　址：哈尔滨市香坊区泰山路 82-9 号　**邮编**：150090
经　　销：全国新华书店
印　　刷：北京鑫益晖印刷有限公司
网　　址：www. hrbcbs. com
E - mail：hrbcbs@ yeah. net
编辑版权热线：（0451）87900271　87900272
销售热线：（0451）87900202　87900203

---

开　　本：880mm×1230mm　1/32　**印张**：4. 875　**字数**：113 千字
版　　次：2025 年 1 月第 1 版
印　　次：2025 年 1 月第 1 次印刷
书　　号：ISBN 978-7-5484-8152-2
定　　价：58. 00 元

---

凡购本社图书发现印装错误，请与本社印制部联系调换。
服务热线：（0451）87900279

# 前　言

随着科技的快速发展,光电技术在现代社会中的应用越来越广泛,而电子发射与光电阴极作为光电转换过程的关键环节,其研究显得至关重要。光电阴极是一种能够将光能转换为电子流的特殊材料,在光电探测、成像技术以及能源转换等领域具有不可替代的作用。随着信息化、数字化浪潮的推进,对光电转换效率和响应速度的要求日益提高,使得对电子发射与光电阴极的研究成为科技界关注的焦点。此外,随着新材料、新技术的不断涌现,为电子发射与光电阴极的研究提供了新的可能性和挑战。因此,深入研究电子发射与光电阴极的机理,开发高效、稳定的光电阴极材料,对于推动光电技术的进步和产业升级具有重要意义。

本书共分为六章,第一章介绍光电效应、光电阴极的发射机制以及性能参数的评估方法。与阴极发射相关的基本理论,如金属的自由电子模型、固体能带理论等,则在第二章中得到充分的阐述。理论与实践相结合是编写本书的重要原则,因此,第三章着重介绍光电阴极的常用材料、制备工艺以及结构设计,为读者提供从理论走向实践的重要桥梁。第四章聚焦于光电阴极特性的测试原理,帮助读者更好地了解和评估光电阴极的性能。为了增强本书的实用性,第五章详细介绍了电子发射与光电阴极的实验技术,包括实验数据的分析与处理方法,为读者提供了宝贵的实验指导。第六章概述电子发射与光电阴极在多个重要领域中的应用,展现了其巨大的应用潜力和社会价值。

本书旨在为读者提供既有深度又有广度的参考,帮助读者更好地理解和掌握电子发射与光电阴极技术。

# 前言

# 目　　录

# 第一章　光电阴极的基本原理

## 第一节　光电效应与光电阴极

### 一、光电效应

#### （一）光电效应概述

光电效应是物理学中一个极为重要的现象，它描述的是当特定频率的电磁波（如光）照射到某些物质表面时，物质会吸收电磁波的能量，并导致内部电子逸出，从而形成电流。这一现象的发现，不仅深化了人们对光与物质相互作用的理解，也为后续的光电子技术发展奠定了坚实的基础。光电效应的发现可以追溯到19世纪末，由德国物理学家赫兹在实验中首次观察到。然而，当时这一现象的解释并不完善。直到后来，爱因斯坦提出了光量子的概念，并用它成功解释了光电效应的实验数据，这一理论才得到了广泛的认可。爱因斯坦因此获得了诺贝尔物理学奖，而光电效应也成为了量子力学发展的重要基石之一。在光电效应中，有一个关键的参数叫作极限频率（或称为阈值频率）。只有当入射光的频率高于这个极限频率时，光电效应才会发生。这是因为电子需要从其所在的原子或分子中吸收足够的能量才能逸出。如果入射光的频率低于极限频率，那么电子就无法吸收到足够的能量，因此也就无法逸出。

### (二)光电效应特点

光电效应的发生具有选择性,即并非所有照射在物质上的光都能引发光电效应。只有当入射光的频率高于物质的极限频率时,电子才能吸收到足够的光子能量并逸出物质表面。这一特点表明了光电效应对光源的特定要求,也揭示了物质内部电子状态与光子能量之间的关系。光电效应具有瞬时性,一旦满足条件的光子被电子吸收,电子就会立即获得足够的能量并逸出,这个过程的时间极短,几乎可以认为是瞬间完成的。这种瞬时性使得光电效应在高速光电器件中有着重要的应用,如光电开关、光电传感器等,它们能够快速地响应光信号的变化。此外,光电效应中逸出的电子(光电子)具有特定的能量分布。根据爱因斯坦的光电效应方程,光电子的最大初动能与入射光的频率和物质的逸出功有关。当入射光频率增加时,光电子的最大初动能也随之增加。这一特点为通过测量光电子的能量分布来研究物质的电子结构和光学性质提供了可能。值得注意的是,光电效应还与物质的表面状态密切相关。在光电效应过程中,电子是从物质表面逸出的,因此物质的表面状态对光电效应的发生和强度有着重要影响。例如,物质表面的清洁度、粗糙度及存在的缺陷等都可能影响电子的逸出效率和光电流的大小。这一特点在光电材料的制备和性能优化中具有重要的指导意义。

除了上述特点外,光电效应还具有一些其他重要的性质。例如,光电效应是一种非热效应,即逸出的电子并不需要通过加热物质来获得能量。这一特点使得光电效应在低温环境下也能有效工作,为一些特殊应用提供了便利。此外,光电效应还具有波长选择性，即不同波长的光在物质中产生光电效应的效率是不同的。这一性质为利用光电效应进行光谱分析和光电器件的设计提供了依据。

## 二、光电阴极的原理及应用

### （一）光电阴极的工作原理

光电阴极，作为能够产生光电发射效应的物体，是现代光电器件中不可或缺的一部分。其核心工作原理基于外光电效应，这是一种光与物质相互作用导致电子逸出的现象。当特定频率的光照射到阴极表面，其携带的能量会被阴极材料吸收，进而激发出内部的电子。这些被激发的电子，在获得足够的能量后，便能克服材料的逸出功，从阴极表面逸出。值得一提的是，逸出的电子并不会立刻形成所需的光电流。它们需要在外部电场的作用下被加速，并最终被收集电极所收集，这样才会形成连续的光电流。在这个过程中，电场的强度和分布对光电流的大小和稳定性有着至关重要的影响。因此，在光电阴极的设计和使用中，如何合理地设置和调整电场是一个需要仔细考虑的问题。

### （二）光电阴极的材料选择

光电阴极的性能在很大程度上取决于材料的选择。理想的光电阴极材料应该具有较低的逸出功，以便电子在吸收光能后能够更容易地逸出。同时，材料还应该具有良好的光吸收能力和稳定性，以确保在长期使用过程中能够保持稳定的性能。目前，常见的光电阴极材料包括碱金属、半导体等。碱金属如钾、钠等，由于其原子结构特殊，具有较低的逸出功，因此在早期被广泛应用于光电阴极的制造。然而,碱金属光电阴极也存在一些缺点,如化学性质活泼、易氧化等,这在一定程度上限制了其应用范围。相比之下,半导体光电阴极则具有更为优异的性能。半导体材料如硅、锗等,不仅具有较低的逸出功能,还具有良好的光吸收能力和稳定性。此外,通过掺杂等技术手段,还可以进一步调节半导体的光电性能,以满足不同应用场合的需求。因此,在现代光电器件中,半导体光电阴极已经成为主流选择。除了材料本身的选择外,光电阴极的结构设计也是提高其性能的关键因素之一。例如,通过增加阴极的表面积或采用特殊的表面处理工艺,可以增强阴极对光的吸收能力并提高电子的逸出效率。这些结构设计上的优化措施能够进一步提升光电阴极的性能表现,使其在各种应用场景中发挥更大的作用。

### (三)光电阴极的应用领域

随着科技的不断发展,光电阴极在各个领域的应用也越来越广泛。其中,最常见的应用莫过于各种光电器件,如光电管、光电倍增管、光电池等。这些器件利用光电效应将光信号转换为电信号,从而实现了对光的探测、测量和分析。在光谱分析中,光电阴极被用来检测不同波长的光信号,通过测量不同波长光照射下产生的光电流大小,可以推断出样品中各种元素的含量和分布情况。这种分析方法在化学、材料科学等领域有着广泛的应用前景。在夜视仪器中,光电阴极用来增强微弱的光信号以提高成像质量。夜晚或光线不足的环境下,人眼往往难以看清周围的景物,而夜视仪器通过利用光电阴极将微弱的光信号转换为电信号并放大处理,最终呈现出清晰可见的图像,为人们在夜间活动提供了极大的便利。此外,在能源领域,光电阴极也发挥着重要作用。以太阳能电池为例,光电阴极作为关键组件之一,负责将太阳光能转换为电能。随着环保意识的日益增强和新能源技术的不断发展,太阳能电池的应用前景越来越广阔。从家庭屋顶的分布式光伏电站到大型地面光伏电站,再到太空中的卫星和空间站的能源供应系统,都可以看到太阳能电池的身影。在这些太阳能电池中,光电阴极的性能直接影响着整个系统的转换效率和稳定性。因此,针对光电阴极的研究和开发工作也显得尤为重要和迫切。未来随着新材料、新技术的不断涌现和应用,相信光电阴极的性能将得到进一步提升和完善,为人类社会的可持续发展做出更大的贡献。

## 第二节　光电阴极的发射机制

### 一、光电效应与电子逸出

#### (一)光电效应与电子逸出的初始条件

光电效应是光电阴极发射机制的核心。当光照射到阴极表面时,其携带的能量有可能被阴极材料中的电子吸收。但这一过程并非随意发生,而是受到光的频率和阴极材料性质的严格限制。首先,光的频率必须高于阴极材料的极限频率。这是因为每种材料都有一个特定的逸出功,即电子从材料表面逸出所需的最小能量。只有当光子的能量大于这个逸出功时,电子才有可能获得足够的动能逸出。而光子的能量与其频率成正比,因此,只有高频光子才能提供足够的能量。其次,即使光的频率满足条件,也并非所有照射到阴极上的光子都能引发电子的逸出。这是因为光子与电子之间的相互作用存在一定的概率性,光子被吸收并成功激发出电子的可能性并不是100%。这一概率受到多种因素的影响，如阴极材料的性质、光照强度及温度等。

### （二）电子逸出过程中的能量转换与传输

在光电效应的作用下，一旦电子从阴极表面逸出，它们就进入了真空或气体中。在这个过程中，电子经历了从光能到动能的能量转换，这种能量转换是光电阴极发射机制的关键环节之一。具体来说，当光子将其能量传递给阴极内部的电子时，这些电子会获得足够的动能以克服材料的逸出功并从阴极表面逸出。逸出后的电子在真空中以一定的速度移动，形成光电流。在这个过程中，电子的动能是由光子的能量转化而来的。此外，逸出的电子在真空中移动时还会受到外部电场的作用。这个电场通常是由光电管或光电倍增管中的阳极和阴极之间的电势差形成的。在电场的作用下，电子会被加速并向阳极移动。在这个过程中，电子的动能会进一步增加，从而使其在到达阳极时能够产生更大的电流。

### （三）发射效率的影响因素与优化方法

光电阴极的发射效率是衡量其性能的重要指标之一。它受到多种因素的影响，包括阴极材料的性质、光照条件及电场强度等。为了提高发射效率，需要从这些方面进行优化。阴极材料的性质对发射效率有着决定性的影响。不同材料具有不同的逸出功和光电转换效率。因此，在选择阴极材料时，应优先考虑那些具有较低逸出功和较高光电转换效率的材料，这样可以增加电子逸出的可能性并提高发射效率。光照条件也是影响发射效率的重要因素之一，光照强度、波长和角度等都会影响电子逸出的效率。为了优化光照条件，可以采取一系列措施，如增加光源的功率、选择合适的光谱范围,及调整光照角度等。这些措施可以增加单位时间内到达阴极表面的有效光子数量,从而提高电子逸出的概率和发射效率。电场强度也是影响发射效率的一个关键因素,在电场的作用下,电子会被加速并收集,形成光电流。因此,合理调整电场强度可以提高电子的收集效率和发射效率。

## 二、电子的传输与加速

### (一)电子逸出后的初态与传输环境

当电子从阴极表面逸出时,它们进入了与阴极材料不同的环境——真空或气体。在这个新环境中,电子不再受到原子核的束缚,成为自由电子。这些自由电子在空间中的分布和状态,即它们的初态,对后续的传输和加速过程具有重要影响。初态的电子具有一定的动能和速度分布,这些特性取决于光电效应中光子的能量及阴极材料的性质。在真空环境中,由于没有气体分子的阻碍,电子可以较为顺畅地移动。而在气体环境中,电子则需要与气体分子进行碰撞和交换能量,这会影响电子的传输速度和方向。为了确保电子能够顺利传输到阳极,需要尽量减少电子在传输过程中的能量损失和散射。这可以通过优化真空度、选择合适的气体种类和压力等方式来实现。

### (二)外部电场的作用与电子加速

在典型的光电管或光电倍增管中,阳极与阴极之间形成一个电场,这个电场对逸出的电子具有加速作用,使它们以更高的速度向阳极移动。电场强度和分布对电子的加速效果和光电流的强度具有决定性影响,当电子在电场中移动时,会受到电场力的作用而获得加速度。根据电场强度和电子的电荷量,可以计算出电子在电场中的加速度和速度变化。随着电子不断接近阳极,它们的速度会逐渐加快,动能也会相应增加。为了获得更大的光电流,需要提高电子的传输速度和动能。因此,在实际应用中需要找到一个合适的电场强度平衡点,以确保电子能够高效且稳定地传输到阳极。

### (三)电子收集与光电流的形成

当加速后的电子到达阳极时,它们会被阳极收集并形成光电流。这个过程是光电阴极发射机制的最终环节,也是衡量光电转换效率的重要指标之一。阳极通常采用具有高导电性的材料制成,以确保能够有效地收集到达的电子并将其转化为电流。在电子被阳极收集的过程中,它们的动能会转化为电能,从而驱动外部电路的工作。光电流的强度取决于多个因素,包括阴极材料的性质、光照条件、电场强度,以及阳极的收集效率等。为了提高光电流的强度,可以采取一系列优化措施,如改进阴极材料的制备工艺、优化光照条件和电场强度分布、提高阳极的收集效率等。此外,还需要注意光电流的稳定性和可靠性问题。在实际应用中,光电流可能会受到各种噪声和干扰的影响,导致信号失真或测量误差。因此,需要采取适当的措施来减少噪声和干扰的影响,确保光电流的稳定输出和准确测量。

## 三、发射效率与性能优化

### (一)阴极材料的选择与优化

阴极材料是影响光电阴极发射效率的关键因素之一。不同材料具有不同的逸出功和光电转换效率，因此选择合适的阴极材料至关重要。

逸出功的影响：逸出功是电子从材料表面逸出所需的最小能量。具有较低逸出功的材料意味着电子更容易逸出，从而提高发射效率。因此，在选择阴极材料时，应优先考虑逸出功较低的材料。

光电转换效率：除了逸出功外，光电转换效率也是衡量阴极材料性能的重要指标。较高的光电转换效率意味着更多的光子能够被有效转换为电子，从而提高发射效率。

在选择阴极材料时，应综合考虑其光电转换效率。为了优化阴极材料的选择，可以采取以下策略：通过实验和理论计算，筛选出具有较低逸出功和较高光电转换效率的材料。探索新型阴极材料，如纳米材料、复合材料等，以进一步提高发射效率。对现有阴极材料进行改性处理，如掺杂、表面处理等，以改善其性能。

### （二）光照条件的优化

光照条件是影响光电阴极发射效率的另一个重要因素。优化光照条件可以有效提高电子逸出的机会，从而提高发射效率。

光照强度的增加：增加光照强度可以增加单位时间内到达阴极表面的光子数量，从而增加电子逸出的机会。因此，在实际应用中，可以通过提高光源的功率或使用聚光装置来增加光照强度。

波长的选择：不同波长的光具有不同的能量，只有能量大于阴极材料逸出功的光子才能引发电子逸出。因此，在选择光源时，应选择波长合适的光源，以确保光子具有足够的能量。

光照角度的调整：光照角度也会影响电子逸出的效率。当光线垂直照射到阴极表面时，光子与电子的相互作用概率最高。

在实际应用中,应调整光源的位置和角度,确保光线以最佳角度照射到阴极表面。为了优化光照条件,可以采取以下策略:使用高功率、高效率的光源,提高光照强度。选择合适的光谱范围,确保光子具有足够的能量。精确调整光源的位置和角度,实现最佳光照效果。

### (三)电场强度与温度的调控

电场强度和温度也是影响光电阴极发射效率的重要因素。合理调整电场强度和温度可以进一步提高发射效率。

电场强度的调整:在光电管或光电倍增管中,电场强度对电子的加速和收集起着至关重要的作用。增加电场强度可以加速电子的移动速度并提高它们到达阳极的概率,从而提高发射效率。然而,过高的电场强度也可能导致电子在传输过程中发生散射或碰撞损失。因此,在实际应用中需要找到一个合适的电场强度平衡点。

温度的调控:温度对阴极材料的性能和电子逸出过程也有显著影响。在较高温度下,阴极材料的热运动加剧,可能导致更多的电子获得足够的能量逸出。然而,过高的温度也可能破坏阴极材料的结构或降低其稳定性。

在实际应用中需要综合考虑温度对发射效率的影响,并采取相应的温控措施。为了优化电场强度和温度的调控,可以采取以下策略:通过实验和模拟计算确定最佳电场强度范围;使用先进的温控技术和设备实现精确的温度控制;定期对电场和温度进行监测和调整以确保最佳工作状态。综上所述,通过选择合适的阴极材料、优化光照条件,以及调控电场强度和温度等策略可以有效提高光电阴极的发射效率。这些优化方法不仅有助于提升光电阴极的性能指标,还为其在更广泛领域的应用提供了有力支持。

## 四、发射机制的稳定性与可靠性

### (一)增强阴极材料的抗氧化和抗腐蚀能力

阴极材料在长期暴露于空气或特定工作环境中时,容易受到氧气、水分、化学物质等的侵蚀,导致表面结构发生变化,进而影响其发射性能。因此,增强阴极材料的抗氧化和抗腐蚀能力是提高其稳定性的关键。

采用特殊的表面处理工艺:通过对阴极材料进行表面处理,如镀层、涂层或化学改性等,可以形成一层保护膜,有效隔绝外界环境与材料本身的直接接触,从而降低氧化和腐蚀的风险。

选择合适的材料:在材料选择阶段,应优先考虑那些本身具有较好抗氧化和抗腐蚀性能的材料。例如,某些金属合金或复合材料在这方面表现出色,可以作为阴极材料的优选。

定期检测与维护:即使采取了上述措施,仍需定期对光电阴极进行检测和维护。这包括检查保护膜是否完好、材料表面是否有明显腐蚀痕迹等。一旦发现问题,应及时进行处理,以确保阴极材料的持续稳定工作。

### (二)优化电极结构和电路布局以减少应力

在光电阴极的工作过程中,电场的不均匀性和热应力是导致其性能退化的重要因素。因此,通过优化电极结构和电路布局来减少这些应力是提高光电阴极可靠性的有效途径。

改进电极结构设计:合理的电极结构设计能够确保电场分布的均匀性,减少局部电场强度过高的情况。例如,可以采用渐变电极结构、增加电极间距或引入辅助电极等方式来优化电场分布。

优化电路布局:电路布局的合理性对于减小热应力至关重要。应尽量避免电路中的急转弯和狭窄通道,以减少电流密度的不均匀性。同时,可以考虑在关键部位增加散热结构,如散热片或风扇等,以提高电路的散热性能。

使用仿真软件进行验证:在电极结构和电路布局设计完成后,可以使用仿真软件对其进行验证。通过模拟实际工作条件下的电场分布和温度变化,可以及时发现潜在的问题并进行调整,从而确保设计的合理性和可靠性。

### (三)定期维护与保养确保最佳工作状态

无论光电阴极的设计和制造有多么精良,在长期使用过程中都难免会出现一些性能下降或故障情况。因此,定期的维护与保养对于确保光电阴极始终处于最佳工作状态至关重要。

建立完善的维护制度:应制订详细的维护计划,包括维护周期、维护内容及维护人员等。同时,还应建立维护记录档案,以便随时查看和分析光电阴极的维护历史。

进行定期的性能检测:定期对光电阴极进行性能检测可以及时发现并解决潜在的问题。这包括检测发射效率、响应速度、稳定性等关键指标。一旦发现性能下降或异常情况,应立即采取措施进行处理。

## 五、更换老化的部件

在长期使用过程中,光电阴极的某些部件可能会因老化而失去原有的性能。为了确保整体性能的稳定性,应及时更换这些老化的部件。同时,还应对更换后的部件进行严格的测试和验证,以确保其符合工作要求。图 1-1 为如何加强发射机制的稳定性与可靠性。

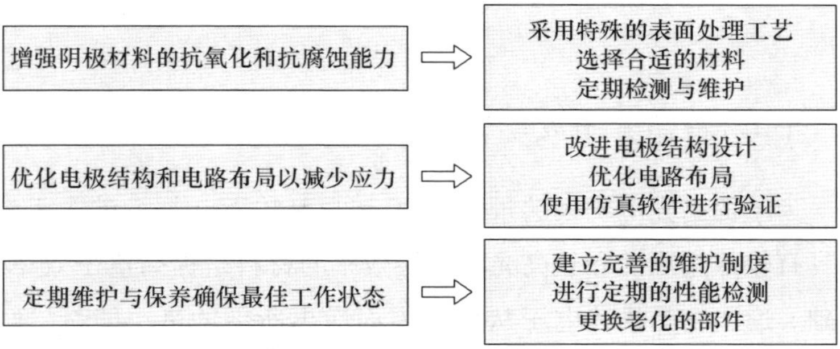


**图 1-1　加强发射机制的稳定性与可靠性**

# 第三节　光电阴极的性能参数与评估

## 一、量子效率

### (一)量子效率与光电转换效率的关系

量子效率的高低与光电阴极对光能的转换效率有着直接且决定性的联系。理想情况下,每一个入射的光子都能成功地激发出一个光电子,此时的量子效率达到最大值,即 100%。然而,在实际应用中,由于材料特性、表面结构、温度、入射光子的能量和角度等多种因素的影响,量子效率往往难以达到这一理想状态。量子效率的重要性在于它直接反映了光电阴极对光子的利用效率。在光电转换过程中,光子的能量首先被阴极材料吸收,其次激发出光电子。在这一过程中,任何导致能量损失或转换效率降低的因素都会直接影响到量子效率。因此,提高量子效率就意味着在相同的光照条件下,能够产生更多的光电子,从而提高光电转换的整体效率。

## (二)提高量子效率的途径

为了提高光电阴极的量子效率,可以从以下几个方面入手:选择具有较低逸出功和较高光电转换效率的材料是提高量子效率的基础。逸出功是描述电子从材料表面逸出所需的最小能量,逸出功越低,意味着电子越容易被激发出来。因此,寻找并应用具有低逸出功和高光电转换效率的新型材料,是提高量子效率的关键途径之一。阴极表面的结构对量子效率有着显著的影响,通过优化表面结构,如增加表面积、减少表面缺陷、引入特定的纳米结构等,可以有效地提高光电子的激发效率和收集效率。这些结构上的改进不仅有助于增加光子与阴极材料的相互作用面积,还能减少光电子在逸出过程中的能量损失。除了材料和结构外,阴极的处理工艺也是影响量子效率的重要因素。通过改进处理工艺,如采用更先进的激活技术、优化热处理过程、引入特定的表面涂层等,可以进一步改善阴极的光电性能。这些工艺上的优化旨在提高阴极表面的活性,增加光电子的逸出概率,并减少不利因素对量子效率的影响。

## (三)量子效率的测量与评估

量子效率的测量是评估光电阴极性能的重要手段之一。通过实验测量,可以得到量子效率随入射光子波长变化的曲线,这一曲线直观地展示了阴极在不同波长下的光电转换能力。在测量过程中,需要精确控制入射光的波长、强度和角度等参数,以确保测量结果的准确性和可靠性。同时,对量子效率的评估也是光电阴极研发和应用过程中的重要环节。通过对比不同阴极材料的量子效率曲线,可以选择出性能更优的材料和工艺组合。此外,量子效率的评估还有助于发现并解决潜在的性能问题,为光电阴极的进一步优化和设计提供有力的支持。

## 二、积分灵敏度

### (一)积分灵敏度的定义与意义

积分灵敏度,顾名思义,是对光电阴极在一定光谱范围内的光电响应进行积分的结果。这一参量不仅考虑了光电阴极在不同波长下的量子效率,还综合了光源的光谱分布、光电阴极的光谱响应特性,以及光电流的测量结果。因此,积分灵敏度能够更全面地反映光电阴极在实际应用中的光电转换性能。积分灵敏度的测量通常在特定的光照条件下进行,通过精确测量光电流的大小,再经过一系列的计算和数据处理,最终得到积分灵敏度的数值。这一数值的高低直接反映了光电阴极在整个光谱范围内的光电转换本领,是评价光电阴极性能优劣的重要依据。

### (二)提高积分灵敏度的途径

为了提高光电阴极的积分灵敏度,需要从以下几个方面入手:优化光谱响应特性。光电阴极的光谱响应特性是影响积分灵敏度的关键因素之一。理想的光电阴极应该在不同波长下都具有较高的量子效率,从而实现对整个光谱范围的有效响应。为了实现这一目标,研究人员需要不断探索新型的光电阴极材料,通过改变材料的组成、结构及制备工艺等方式，来优化其光谱响应特性。改进光电流的测量方法。光电流的测量精度直接影响到积分灵敏度的准确性。因此，在提高积分灵敏度的过程中，需要不断改进光电流的测量方法和技术手段。例如，可以采用更先进的光电检测器、优化光路设计、减少背景噪声干扰等方式，来提高光电流的测量精度和稳定性。综合考虑实际应用环境。光电阴极在实际应用中的性能表现受到多种因素的影响，如光照强度、温度、湿度等。为了提高积分灵敏度，研究人员需要综合考虑这些因素对光电阴极性能的影响，并在实验条件下进行模拟和测试。通过不断优化光电阴极的工作环境和条件，可以使其在实际应用中发挥出更佳的性能表现。

### （三）积分灵敏度在光电技术领域的应用

积分灵敏度作为评价光电阴极性能的重要指标，在光电技术领域具有广泛的应用价值。首先，它可以为光电阴极的选材和设计提供有力的指导。通过对比不同材料和工艺制备的光电阴极的积分灵敏度，可以筛选出性能更优的方案，从而推动光电技术的不断发展。其次，积分灵敏度还可以为光电设备的性能评估和优化提供重要的参考依据。在光电设备的研发和测试过程中，通过对光电阴极的积分灵敏度进行精确的测量和分析，可以及时发现并解决潜在的性能问题，提高设备的整体性能和稳定性。最后，随着光电技术的不断发展，积分灵敏度将在更多领域展现出其独特的应用价值。例如，在太阳能光伏发电、光通信、光电子器件等领域，通过对光电阴极的积分灵敏度进行精确的评估和优化，可以进一步提高相关设备的性能和效率，推动这些领域的持续创新和发展。

## 三、电子表面逸出几率

### （一）选择合适的阴极材料

提高电子表面逸出几率的首要任务是选择合适的阴极材料。不同材料对于光的吸收、电子的激发，以及逸出功的大小都各不相同，因此选择具有高光电转换效率和低逸出功的材料至关重要。例如，某些碱金属和碱土金属氧化物因其特殊的电子结构，能够在光照下更有效地激发出光电子，并降低电子从材料内部逸出到表面所需的能量。此外，科研人员还在不断探索新型复合材料，通过材料间的协同作用来进一步提升电子的逸出几率。除了材料的选择，材料的纯度也是影响电子表面逸出几率的重要因素。杂质和缺陷的存在往往会成为光电子逸出过程中的障碍，降低逸出几率。因此，在材料制备过程中，需要严格控制杂质的含量，优化制备工艺，以获得高纯度的阴极材料。

### （二）优化阴极表面结构

阴极材料的表面结构对电子表面逸出几率有着直接的影响。理想的表面结构应该能够提供更多的逸出通道，减少光电子在逸出过程中的散射和能量损失。为了实现这一目标，研究人员常采用纳米技术来精细调控阴极材料的表面形貌。例如，通过构建纳米级粗糙表面或引入特定的纳米结构，可以增加表面的有效面积，提高光电子的收集效率。此外，表面清洁度也是影响电子逸出几率的关键因素。在材料制备和后续处理过程中，需要避免表面污染和氧化层的形成。因此，常采用真空环境或惰性气体保护下的处理工艺来确保表面的清洁度。同时，定期的清洁和维护也是保持阴极材料表面结构优化的重要措施。

### (三)激活工艺的选择与优化

激活工艺是提高电子表面逸出几率的又一关键环节。通过合适的激活处理,可以有效地改变阴极材料表面的电子态和化学性质,从而提高其光电发射性能。常见的激活方法包括热处理、化学处理和离子注入等。这些方法能够在一定程度上改变材料表面的能带结构、增加表面态密度或引入特定的活性位点,从而降低光电子逸出所需的能量门槛。值得注意的是,激活工艺的选择需要根据具体阴极材料的性质和应用需求进行定制化设计。不同的材料对激活方法和条件的响应各不相同,因此需要通过系统的实验研究和理论分析来确定最佳的激活工艺参数。同时,在激活过程中的温度、时间、气氛等参数也需要精确控制,以确保激活效果的稳定性和可重复性。

## 四、电子扩散长度

### (一)电子扩散长度与材料特性的关系

电子扩散长度首先受到阴极材料结晶质量的影响。高质量的晶体结构意味着更少的缺陷和杂质,这些缺陷和杂质往往会成为光生载流子输运的障碍,导致电子在扩散过程中被散射或捕获,从而缩短其扩散长度。因此,选择具有高结晶质量的阴极材料是提高电子扩散长度的关键。其次,外延生长方法也对电子扩散长度有显著影响。外延技术能够在特定的衬底上生长出与衬底晶格结构相匹配的单晶层,从而有效控制材料的结晶质量和界面特性。通过选择合适的外延方法和条件,可以进一步优化阴极材料的晶体结构,减少界面缺陷,为光生载流子提供更顺畅的输运通道,进而延长电子的扩散长度。

### (二)掺杂浓度对电子扩散长度的影响

掺杂是半导体材料改性的一种常用手段,通过引入特定的杂质元素来改变材料的电学性质。在光电阴极材料中,掺杂浓度的高低会直接影响电子的扩散长度的长短。适当的掺杂浓度可以增加材料内部的载流子浓度,提高光电导性能,从而有助于光生电子的扩散和输运。然而,过高的掺杂浓度也可能导致杂质能级的形成,增加电子被捕获的几率,反而缩短电子的扩散长度。因此,在确定阴极材料的掺杂浓度时,需要综合考虑其对电子扩散长度和整体光电性能的影响。

### (三)电子扩散长度的测量与评估

电子扩散长度的测量是评估光电阴极性能的重要手段之一。通过实验测量,可以获得电子扩散长度的具体数值,从而直观了解阴极材料内部光生载流子的输运情况。这不仅有助于评估现有材料的性能优劣,还能为新材料的设计和优化提供有力的实验依据。在测量电子扩散长度时,通常采用光电导法、时间分辨光致发光谱等方法。这些方法能够直接或间接地反映光生载流子在材料内部的扩散行为,从而得到电子扩散长度的准确数值。同时,结合材料的其他性能参数(如量子效率、光谱响应等),可以对光电阴极的综合性能进行全面评估。值得注意的是,电子扩散长度的测量结果受到多种因素的影响,如测量条件、样品制备工艺等。因此,在进行电子扩散长度测量时,需要严格控制实验条件,确保测量结果的准确性和可靠性。同时,随着测量技术的不断发展,也期待未来能够出现更为精确、高效的电子扩散长度测量方法,为光电阴极性能的研究和应用提供更为有力的支持。

## 五、稳定性与可靠性

### (一)稳定性的重要性及其评估方法

稳定性,顾名思义,是指光电阴极在长时间工作过程中性能保持不变的能力。在实际应用中,光电阴极常常需要连续工作数小时甚至数天,期间可能会遭遇各种外界干扰,如温度变化、湿度波动、机械振动等。这些干扰因素都可能对光电阴极的性能产生影响,导致其输出信号发生漂移或者噪声增加。因此,稳定性是衡量光电阴极能否胜任长时间连续工作任务的关键指标。为了评估光电阴极的稳定性,科研人员通常会进行长时间的连续工作测试。在测试过程中,光电阴极被置于一个模拟实际工作环境的测试台上,并接受持续的光照或其他激发信号。同时,测试系统会实时监测并记录光电阴极的输出信号,通过对比信号在测试前后的变化情况,可以定量评估其稳定性。此外,环境适应性测试也是评估稳定性的重要手段之一。通过模拟不同的工作环境(如高温、低温、高湿、干燥等),可以观察光电阴极在各种极端条件下的性能表现,从而更全面地评估其稳定性。

### (二)可靠性的意义与测试途径

与稳定性相辅相成的是光电阴极的可靠性。可靠性是指在规定条件下和规定时间内,光电阴极能够无故障地完成预定功能的能力。换句话说,一个可靠的光电阴极不仅要在正常工作条件下表现出色,还要在遭遇异常情况时能够迅速恢复或至少保持基本功能不丧失。这种能力对于许多关键应用(如航天探测、军事侦察等)来说至关重要,因为一旦光电阴极出现故障,可能导致整个系统的瘫痪或数据丢失。为了评估光电阴极的可靠性,加速老化测试成为一种常用方法。在这种测试中,光电阴极被置于比实际工作条件更为严苛的环境中(如更高的温度、更强的光照等),以加速其老化。通过这种方式,可以在较短时间内模拟出光电阴极在长期工作后的性能衰减情况,从而预测其使用寿命和潜在故障模式。此外,还可以通过模拟各种可能的异常情况(如电源波动、信号干扰等),来测试光电阴极在异常情况下的应对能力和恢复速度。

### (三)提高光电阴极稳定性和可靠性的策略

了解了光电阴极稳定性和可靠性的评估方法后,如何提高它们的性能就显得尤为重要。首先,从材料选择上入手是关键。选择具有高稳定性、耐老化特性的材料作为光电阴极的基材,可以从根本上提高其稳定性和可靠性。其次,优化工艺和设计也是重要途径。通过改进制备工艺、优化结构设计,可以减少光电阴极内部的缺陷和应力集中点,从而提高其抵御外界干扰的能力。最后,定期维护和保养同样不可忽视。对于已经投入使用的光电阴极,定期进行检查和保养可以及时发现并解决问题,延长其使用寿命。表 1-1 为光电阴极的性能参数与评估。

**表 1-1　光电阴极的性能参数与评估方式**

| 性能参数 | 描述 | 评估方式/公式 |
|---|---|---|
| 量子效率(QE) | 每个入射光子产生逸出光电子的能力 | (QE = \frac{{N_e}} {{N_p}})其中,(N_p)是入射光子数,(N_e)是逸出的光电子数 |

**续表1-1**

| 性能参数 | 描述 | 评估方式/公式 |
| --- | --- | --- |
| 积分灵敏度 | 反映阴极光电发射本领的数值 | 通常通过比较光谱响应曲线或实验测量得到 |
| 电子表面逸出几率 | 电子从阴极表面逸出的概率 | 与材料界面势垒、激活工艺等有关,可通过实验测定 |
| 电子扩散长度 | 光电子在寿命期内的平均扩散距离 | (L_D = \sqrt{D_n\tau}),其中(D_n)是扩散系数,(\tau)是光电子寿命 |
| 寿命 | 光电阴极在特定条件下的有效工作时间 | 通常通过实验测定或根据材料特性估算 |
| 分辨力 | 光电阴极对空间细节的分辨能力 | 通常通过成像实验或特定的分辨力测试图案来评估 |

# 第二章　与阴极发射相关的基本理论

## 第一节　金属的自由电子模型

### 一、自由电子模型的基本假设

#### （一）原子外层电子形成共同电子气体

在自由电子模型中，首要的假设是金属内部的所有原子都愿意“分享”它们的外层电子。这些外层电子，由于金属原子的特殊排列和它们之间的相互作用，不再被紧紧地束缚在某一个特定的原子周围，而是被所有的金属原子所共有。这种共享导致的结果是，这些电子仿佛形成了一个巨大的、连续的电子气体，它们在金属晶体的内部可以自由地移动。为了更形象地理解这一假设，可以想象一个充满气体的房间，气体分子可以自由地从一个地方移动到另一个地方，而不受任何固定的位置或边界的限制。同样地，金属中的电子也拥有这样的自由，它们可以在整个金属晶体的范围内自由地“游走”，这种自由移动的特性是金属导电的关键。当在金属的两端施加一个电压时，这些自由的电子会受到电场的作用，从而产生定向的移动，进而形成电流。

## (二)电子气体均匀性与电子间相互作用的忽略

自由电子模型的第二个基本假设是,这个由原子外层电子形成的电子气体是均匀的。这意味着在整个金属晶体中,电子的分布是均匀的,没有任何地方比其他地方拥有更多的电子或更少的电子。这种均匀性为模型提供了简化,可以更容易地理解和计算金属的电子行为。但是,为什么模型会选择忽略电子之间的相互作用呢?这主要是基于一个考虑:简化。在实际的金属中,电子之间确实存在相互作用,但这种相互作用相对于电子与金属原子之间的相互作用来说要小得多。因此,为了简化模型,使其更易于处理和理解,自由电子模型选择了忽略这种相对较小的电子间相互作用。此外,这种简化还带来了一个好处,那就是可以把每一个电子看作是独立的,在模型中,每一个电子的运动都不受其他电子的影响,它们仿佛是在一个无其他电子存在的“真空”中运动。这样的处理方式大大简化了对金属中电子行为的描述和计算。

## (三)连续能带的形成与电子的自由移动

自由电子模型的最后一个基本假设是,金属中的电子形成了一个连续的能带。这个概念与在量子力学中学到的能级概念有关,但有所不同。在量子力学中,知道电子的能量是量子化的,只能取某些特定的值,这些特定的值被称为能级。然而,在金属中,由于金属原子之间的紧密排列和它们之间的相互作用,电子的能量不再被限制在某一个特定的能级上,而是可以在一个连续的范围内变化,这个连续的能量范围就被称为能带。能带为电子提供了一个广阔的“舞台”,电子可以在这个舞台上自由地移动,不受任何能级的限制。这种自由移动的特性再次强调了金属导电性的本质:当电子在能带中自由移动时,它们可以轻易地响应外部的电场,从而产生电流。

## 二、能带结构的概念

### (一)能带的形成:从原子到金属的转变

在金属晶体中,相邻的原子通过共享外层电子形成了金属键,这是一种特殊的化学键。与离子键或共价键不同,金属键允许电子在多个原子之间自由移动,而不是被束缚在特定的原子上。这种自由移动的可能性源于金属原子之间的紧密排列。由于金属原子通常具有较少的价电子,它们倾向于放弃这些电子,形成一个共同的电子海,即所谓的"金属电子气"。在这个电子气中,电子不再属于任何一个特定的原子,而是属于整个金属晶体。当这些自由电子在金属晶体中移动时,它们的能量状态发生了变化。在孤立的原子中,电子的能量是离散的,只能取特定的能级值。但在金属中,由于原子之间的相互作用和电子的共享,这些离散的能级合并成了一个连续的能带。这个能带由一系列紧密排列的能级组成,允许电子在这些能级之间自由跃迁。

### (二)电子在能带中的行为:自由与束缚的辩证

虽然说电子在能带中可以"自由移动",但这种自由是相对的。实际上,电子在能带中的运动受到了一定的限制和约束,电子只能在能带所允许的能量范围内移动。这意味着,虽然电子可以在不同的能级之间跃迁,但它们不能跃迁到能带之外的能量状态,这种限制源于金属晶体的整体结构和原子之间的相互作用。尽管电子在金属中可以自由移动,但它们仍然受到金属晶格的周期性势场的影响。这个势场是由金属原子排列的规律性所产生的,它对电子的运动轨迹和速度产生了影响。因此,虽然电子在整体上表现出自由移动的特性,但它们的运动细节仍然受到晶格结构的调控。此外,值得注意的是,不是所有的电子都能参与导电。在能带结构中,只有位于费米能级附近的电子才具有足够的能量来参与导电过程。这些电子被称为“导电电子”,它们在金属导电性中起着决定性的作用。

### (三)能带结构对金属性质的影响:导电性与更多

能带结构对金属性质的影响最显著的是金属的导电性。由于能带结构的存在,金属中的电子可以轻易地从一个原子移动到另一个原子处,从而形成电流。这种导电性是金属最基本也最重要的性质之一。除了导电性之外,能带结构还影响着金属的其他物理性质。例如,金属的导热性也与能带结构密切相关。在金属中,热量的传递主要通过电子的运动来实现,因此,能带结构的特性决定了金属导热性的好坏。此外,能带结构还对金属的光学性质、磁学性质及力学性质等产生影响。例如,金属的光泽和反射率与能带结构中的电子状态有关;某些金属表现出的磁性也与能带中的电子自旋和排列方式有关;金属的硬度和延展性则与能带结构对原子间相互作用的影响有关。

## 三、金属的导电性

### (一)自由电子的移动与电流的产生

在自由电子模型中,金属被视为一个充满自由电子的体系。这些自由电子,不受特定原子的束缚,可以在整个金属晶体中自由移动。当在金属的两端施加一个电压时,就形成了一个电场。在这个电场的作用下,自由电子会受到电场力的作用,从而产生定向的移动。这种定向的移动是非常关键的,因为它直接导致了电流的产生。可以想象,如果电子在金属中是随机、无规则地移动,那么它们就不会形成持续的电流。但是,在电场的作用下,电子开始有序地、沿着一个特定的方向移动,这就形成了所说的电流。因此,自由电子的移动是金属导电性的基础。

### (二)能带结构与金属导电性的关系

要深入理解金属的导电性,还必须提到能带结构这个概念。在金属中,电子的能量状态并不是连续的,而是形成了一系列的能带。在这些能带中,有些是被电子填满的,称为价带;而有些则是部分填充或完全空的,称为导带。价带中的电子,由于被紧密地束缚在原子周围,因此它们的运动受到了很大的限制,基本上不参与导电。而导带中的电子则不同,它们可以在能带中自由移动,不受任何束缚。当外界施加一个电场时,导带中的电子开始定向移动,从而形成了电流,导带电子是金属导电的主要载体。金属的导电性与其能带结构有着密切的关系,不同的金属,由于其原子排列和电子状态的不同,会形成不同的能带结构。这种能带结构决定了金属中自由电子的数量和移动能力,从而影响了金属的导电性。例如,某些金属由于其导带与价带之间的能量差很小,使得电子很容易从价带跃迁到导带,因此具有良好的导电性。

### (三)外界电场对电子定向移动的影响

在自由电子模型中,外界电场的作用是不可忽视的。当在金属两端施加一个电压时,就形成了一个电场,这个电场对金属中的电子产生了一个力的作用，使得电子开始定向移动。这种定向移动的速度和方向取决于电场的强度和方向。电场强度越大，电子受到的力就越大，移动的速度也就越快。同时，电场的方向也决定了电子移动的方向，在电场的作用下，电子会沿着电场线的方向移动，从而形成电流。值得注意的是，虽然电场对电子的定向移动起到了关键的作用，但电子本身的热运动也会对导电性产生影响。在金属中，即使没有外界电场的作用，电子也会由于热运动而不断地改变其位置和速度，这种热运动在一定程度上会干扰电子的定向移动，从而影响金属的导电性。但是，在大多数情况下，电场的作用要远远大于热运动的影响，因此可以忽略热运动对导电性的影响。

## 四、自由电子模型的局限性

### （一）电子与离子、电子与电子之间相互作用的忽略

在自由电子模型中，为了简化问题的复杂性，通常忽略了电子与金属离子，以及电子与电子之间的相互作用。这种简化在一定程度上是合理的，因为它允许用一个相对简单的数学框架来描述金属中的电子行为。然而，这种简化也带来了问题。首先，电子与离子之间的相互作用实际上是非常重要的，金属离子形成的正电背景对电子的运动有着显著的影响，这种影响在某些情况下可能导致电子的运动偏离自由电子模型的预测。其次，电子与电子之间的相互作用也不容忽视。虽然这种相互作用相对于电子与离子之间的相互作用可能较弱，但在某些特定条件下，如高温或高电子密度时，电子之间的相互作用可能变得非常显著，从而影响金属的整体性质。因此，忽略这些相互作用使得自由电子模型在某些极

端条件下或特定金属体系中可能无法提供准确的描述。

## (二)电子气体均匀性的假设与实际的不均匀性

自由电子模型通常假设金属中的电子气体是均匀的,即电子在金属晶格中的分布是均匀的。然而,这种假设并不总是成立。实际上,金属中的电子分布可能受到多种因素的影响而呈现不均匀性。例如,晶格缺陷、杂质及温度梯度等因素都可能导致电子在金属中的不均匀分布。这种不均匀性可能对金属的电学、热学及力学性质产生重要影响,特别是在纳米尺度或存在大量缺陷的金属体系中,这种不均匀性可能变得尤为显著。因此,将电子气体视为均匀分布的假设可能限制了自由电子模型在描述这些复杂体系时的准确性。

## (三)电子能量与自旋等量子力学效应的忽略

在自由电子模型中,电子的能量通常只与它们在能带中的位置有关,这种简化使得能够用经典的物理概念来描述金属中的电子行为。然而,这种简化也忽略了电子的量子力学特性,如自旋和其他相关的量子力学效应。实际上,电子的自旋对其在金属中的行为有着重要影响。例如,自旋相关的相互作用可能导致金属中的磁学性质发生变化。此外,随着纳米科学和量子技术的发展,人们越来越关注金属中电子的量子力学行为。在这些尺度上,电子的波粒二象性、量子隧穿及量子干涉等效应可能变得非常重要。因此,忽略电子的自旋和其他量子力学效应可能限制了自由电子模型在描述这些新兴领域中的金属性质时的适用性。

# 第二节　金属的内电位、表面势垒和逸出功

## 一、金属的内电位

### (一)金属内电位的形成与意义

金属的内电位起源于其内部电子的特殊排列和运动状态。在金属晶体中,原子紧密排列,外层电子成为自由电子,可在整个金属晶体内自由移动,形成所谓的“电子海”。这种自由电子的存在使得金属具有良好的导电性和导热性。同时,由于金属内部电子的不均匀分布和外部环境的影响,金属内部会形成一个相对稳定的电势场,即内电位。内电位对于理解金属的电子行为和性质具有重要意义,它反映了金属内部电子的平均能量水平和分布状态,是金属电子结构的一个重要表征。此外,内电位还与金属的功函数、电化学性质及表面现象等密切相关,是研究金属材料和器件性能的重要参数。

### (二)金属内电位与功函数的关系

功函数是描述电子从金属表面逸出所需的最小能量,它与金属的内电位有着紧密的联系。从物理意义上讲,功函数可以理解为将电子从金属内部移至其表面并克服表面势垒所需的能量。因此,功函数的大小与金属内部电子的能量状态和分布密切相关,即与内电位有关。实验表明,不同金属具有不同的功函数值,这反映了它们对电子束缚能力的差异。而这种差异在很大程度上源于金属内部电子结构和内电位的不同。通过比较不同金属的功函数和

内电位,可以深入理解金属的电子行为和表面性质,为金属材料、器件的设计和优化提供理论依据。

### (三)金属内电位与电化学性质的关系

金属在电化学反应中的表现与其内电位密切相关。在电解质溶液中,金属表面的电子会与溶液中的离子发生交换,形成双电层结构。在这一过程中,金属的内电位起着关键作用,它决定了金属电极的氧化还原电位,即金属在电化学反应中的相对活性。具体来说,当金属浸入电解质溶液中时,其内电位会与溶液中的离子电位达到平衡状态。如果金属的内电位较高,意味着其表面的电子能量较高,更容易与溶液中的正离子结合,从而发生氧化反应。反之,如果金属的内电位较低,则其表面的电子更容易被溶液中的负离子所吸引,发生还原反应。因此,通过测量和研究金属的内电位,可以预测和控制金属在电化学反应中的行为,为电化学领域的应用提供重要指导。

### (四)金属内电位的影响因素与调控方法

金属的内电位受到多种因素的影响,包括金属的种类、晶体结构、缺陷状态及外部环境等。这些因素通过改变金属内部电子的能量状态和分布来影响内电位的大小和稳定性。例如,合金元素的加入可以改变金属的电子结构和晶体结构,从而影响其内电位;而温度的变化则会影响金属内部电子的热运动状态,进而引起内电位的变化。为了调控金属的内电位以满足特定应用需求,可以采取多种方法。例如,通过合金化技术引入其他元素来改变金属的电子结构和晶体结构;利用表面处理技术(如氧化、还原、涂层等)来改变金属表面的电子状态和化学性质;通过外部电场或磁场的应用来调控金属内部电子的运动状态和能量分布等。这些方法为金属材料和器件的性能优化提供了有力支撑。

## 二、金属的表面势垒

### (一)定义与物理意义

#### 1. 金属表面势垒的形成机制

金属内部,原子通过金属键紧密地连接在一起,形成了一个稳定的晶格结构。在这个结构中,每个原子都受到周围原子的均衡作用力,从而维持了晶格的稳定。然而,在金属表面,情况却截然不同,金属表面的原子,由于其周围原子数目的减少,不再受到与体内原子相同的均衡作用力。这种不均衡的受力状态导致表面原子具有更高的能量,从而形成了一个相对于金属内部的能量势垒,这个势垒就像一个“城墙”,阻止了外部电子的轻易进入,同时也抑制了内部电子的随意逸出。此外,金属表面的电子结构也与其内部存在显著差异。由于表面原子的排列方式和电子状态的改变,金属表面形成了一种特殊的电子云分布,即所谓的“表面态”。这些表面态的电子具有与体内电子不同的能量和运动状态,进一步加剧了表面势垒的形成。

#### 2. 金属表面势垒的重要性

金属表面势垒在决定金属表面的化学活性、吸附性能及电子发射等方面起着至关重要的作用。

化学活性:金属表面的化学活性与其势垒高度密切相关。势垒较低的金属表面更容易与其他物质发生化学反应,因为其表面原子具有较高的反应活性。反之,势垒较高的金属表面则相对更为稳定，不易与其他物质发生反应。因此，通过调控金属表面的势垒高度，可以有效地控制其化学活性，从而满足不同的应用需求。

吸附性能：金属表面的吸附性能也受到其势垒的影响。当外部物质接近金属表面时，它们需要克服一定的能量障碍才能被吸附在表面上。这个能量障碍与金属表面的势垒高度密切相关，势垒较低的金属表面更容易吸附外部物质，而势垒较高的表面则对吸附具有较强的排斥作用。因此，通过调整金属表面的势垒，可以优化其吸附性能，提高其在催化、传感等领域的应用效果。

电子发射：金属表面势垒对电子的发射行为具有决定性的影响。在光电子器件中，金属常作为电子的发射极或接收极。当光照射到金属表面时，能量足够高的光子可以激发金属内部的电子成为自由电子，并克服表面势垒逸出到外部空间。

因此，金属表面势垒的高度直接决定了光电子器件的发射效率和响应速度。通过降低金属表面的势垒高度，可以提高光电子器件的性能，推动其在太阳能转换、光电探测等领域的应用发展。

## （二）形成机制

### 1. 金属表面势垒与电子结构的关系

金属的电子结构是其独特物理性质的基础。在金属内部，大量的自由电子在晶格中自由穿梭，形成了金属特有的导电性和导热性。这些自由电子的存在，使得金属内部呈现出一个相对均匀、稳定的电子环境。然而，当关注到金属的表面时，情况发生了显著的变化。由于金属表面原子排列的终端效应，电子在这里的运动受到了明显的限制，这种限制导致了电子在金属表面形成了一种特殊的存在状态，即“表面态”。与金属内部的电子相比，这些表面态的电子具有不同的能量和运动特性，它们更容易被外部因素所影响，从而在金属表面形成了一种独特的电子云分布。正是这种表面态电子的存在，使得金属表面形成一个能量势垒，这个势垒就像一道无形的“墙”，阻碍了外部电子的进入和内部电子的逸出。它的存在，使得金属表面呈现出与内部截然不同的物理和化学性质。

**2. 影响金属表面势垒的因素**

金属表面势垒的形成不仅与金属的电子结构有关，还受到多种因素的影响，这些因素包括金属表面的原子振动、缺陷、杂质及外部环境条件等。

原子振动和缺陷：金属表面的原子并不是静止不动的，它们时刻在进行着微小的振动，这种振动会对表面电子的运动状态产生影响，从而改变表面势垒的高度和形状。此外，金属表面可能存在的缺陷（如空位、位错等）也会对势垒产生影响，这些缺陷会破坏金属表面的完整性，导致电子在缺陷附近的运动状态发生变化。

杂质和外部环境：金属表面常常不可避免地会吸附一些杂质原子或分子。这些杂质的存在会改变金属表面的电子结构，进而影响表面势垒。例如，某些杂质可能会提供额外的电子或空穴，从而改变金属表面的电荷分布。此外，外部环境条件如温度、电场等也会对金属表面势垒产生影响。温度的升高会加剧金属表面原子的振动，从而改变势垒的高度；而电场的存在则可能直接改变金属表面电子的能量状态和运动轨迹。

### （三）影响因素与应用

**1. 金属表面势垒的影响因素**

金属的内在属性：金属的种类和晶体结构是决定其表面势垒

的基础因素。不同种类的金属，其原子间的相互作用力和电子结构各不相同，从而导致了不同的表面势垒。例如，贵金属金、银等，由于其独特的电子结构，往往具有较低的表面势垒，这使得它们在光电子器件等领域有着广泛的应用。而某些过渡金属，由于其复杂的电子结构和晶体结构，可能具有较高的表面势垒。此外，金属的晶体结构，如面心立方、体心立方等，也会对表面势垒产生影响。不同的晶体结构意味着原子在空间的排列方式不同，这进一步影响了表面原子的电子状态和相互作用力。

金属的外在表现与外部环境：金属的表面粗糙度是一个重要的外在因素。粗糙的表面意味着存在更多的凹凸不平和缺陷，这些都会改变表面电子的运动状态和能量分布，从而影响表面势垒。例如，高温环境下，金属表面原子的振动会加剧，这可能导致表面势垒的降低；而在某些气氛中，金属表面可能发生化学反应或吸附现象，从而改变其电子结构和表面势垒。

**2. 金属表面势垒的调控方法**

了解了金属表面势垒的影响因素后，可以针对性地采取一些方法来调控它，以满足特定应用需求。

表面处理工艺：通过改变金属表面的处理工艺，可以有效地调控其表面势垒。例如，可以采用化学刻蚀、物理气相沉积（PVD）、离子注入等技术来改变金属表面的粗糙度、化学成分或晶体结构，从而达到调控表面势垒的目的。此外，还可以在金属表面涂覆一层具有特定电子结构的薄膜材料，以形成复合界面，进而改变表面势垒。

外部电场调控：施加外部电场是另一种有效的调控金属表面势垒的方法。通过改变电场的强度和方向，可以影响金属表面电子的能量状态和运动轨迹，从而实现对表面势垒的精准调控。这种方法在光电器件、电化学反应及电子束加工等领域具有广泛的应用前景。例如，在太阳能电池中，通过施加合适的外部电场，可以降低金属电极的表面势垒，从而提高光电子的收集效率；而在电子束焊接中，则可以通过调整电场的分布来适当提高金属的表面势垒，以防止电子的过度发射造成的能量损失和焊接质量下降。

## 三、金属的逸出功

### （一）定义与物理意义

#### 1. 逸出功与金属表面电子束缚能力的关系

逸出功是表征金属表面对电子束缚能力的关键指标。简单来说，逸出功越大，金属表面对电子的束缚能力就越强，电子就越难以从金属表面逸出，束缚能力与金属的内部电子结构、原子排列及表面状态等因素密切相关。从微观角度来看，金属内部的电子处于不断的运动状态，而金属表面则构成了一个特殊的边界。在这个边界上，电子受到来自金属内部和外部环境的双重影响。逸出功实际上反映了电子克服金属表面势垒，从束缚状态转变为自由状态所需的能量。因此，逸出功的大小直接体现了金属表面对电子束缚的强弱。这种束缚能力的强弱不仅影响了金属的电子发射性能，还与金属的化学活性、电化学行为及表面吸附等性质密切相关。例如，在化学反应中，逸出功较小的金属更容易失去电子，从而表现出较高的化学活性。而在电化学反应中，逸出功则决定了电极的氧化还原电位，进而影响反应的进行方向和速率。

#### 2. 逸出功在光电子领域的应用

在光电子领域，逸出功的重要性尤为突出。光电子器件，如光电二极管、光电倍增管及太阳能电池等，其工作原理都涉及到光与金属表面的相互作用，特别是光电子的发射和收集过程。逸出功决定了光电子从金属表面逸出所需的最低能量，当入射光的能量大于金属的逸出功时，光子能够激发金属内部的电子，使其获得足够的能量逸出金属表面，形成光电流。因此，逸出功直接影响了光电子器件的灵敏度和工作效率。在太阳能电池中，逸出功与光电转换效率密切相关，为了提高太阳能电池的效率，研究人员通常会选择具有较低逸出功的金属作为电极材料，以降低光电子逸出所需的能量，从而增加光电流的输出。此外，通过表面修饰和界面工程等手段，还可以进一步调控金属的逸出功，优化光电子器件的性能。除了太阳能电池外，逸出功还在其他光电子器件中发挥着重要作用。例如，在光电倍增管中，逸出功影响了电子的倍增效率。因此，深入研究逸出功及其影响因素，对于开发高性能的光电子器件具有重要意义。

## （二）测量方法与技术

### 1. 传统的金属逸出功测量方法

光电效应法：这是测量金属逸出功的经典方法之一。其基本原理是利用光电效应，即当光照射到金属表面时，能量足够的光子可以激发金属内部的电子，使其逸出金属表面。通过测量逸出电子的动能和入射光的频率，结合爱因斯坦的光电效应方程，可以推算出金属的逸出功。这种方法简单直观，但需要精确控制光源和测量电子的动能，因此对实验设备的要求较高。

热电子发射法：热电子发射法是通过加热金属使其发射电子，并测量发射电流与温度之间的关系来推算逸出功的。在一定温度下,金属的发射电流与逸出功之间呈指数关系。通过精确测量不同温度下的发射电流,并拟合数据,可以得到金属的逸出功。这种方法适用于高温条件下逸出功的测量,但需要注意温度对金属表面状态的影响。

场发射法:场发射法是利用强电场使金属表面的电子隧穿逸出,通过测量逸出电流与电场强度之间的关系来推算逸出功。这种方法可以在较低的温度下进行,且对金属表面的处理要求相对较低。但需要注意的是,强电场可能会对金属表面造成损伤,影响测量结果的准确性。

**2. 现代技术在金属逸出功测量中的应用**

随着科学技术的发展,现代测量技术如扫描隧道显微镜(STM)和原子力显微镜(AFM)等也被广泛应用于金属逸出功的精确测量中。这些技术不仅提高了测量的精度和分辨率,还有助于深入揭示金属表面的微观结构和电子行为。

扫描隧道显微镜(STM):STM 是一种能够在原子尺度上观察金属表面形貌和电子结构的技术。通过 STM,科学家们可以直观地观察到金属表面的原子排列和电子云分布,从而更准确地理解逸出功与金属表面状态之间的关系。此外,STM 还可以用于测量局部区域的逸出功变化,为研究金属表面的化学反应和吸附现象提供有力的工具。

原子力显微镜(AFM):AFM 是一种通过测量探针与样品之间的相互作用力来获取样品表面形貌和力学性质的技术。在金属逸出功的测量中,AFM 可以用于研究金属表面的微观结构和缺陷对逸出功的影响。通过 AFM 的测量结果,科学家们可以进一步优化金属表面的处理工艺,以提高光电子器件的性能和稳定性。

# 第三节　固体能带理论

## 一、能带理论的起源与基本概念

### （一）能带理论的起源与共有化电子的形成

能带理论，作为固体物理学中的一个核心理论，其起源可以追溯到对晶体内部微观世界的探索。晶体，这种由原子按照一定规律周期性排列而成的固态物质，其内部结构的有序性赋予了它许多独特的物理性质。为了深入理解这些性质，科学家们对晶体中电子的行为进行了广泛而深入的研究。在晶体中，每个原子都由位于中心的原子核和围绕其运动的核外电子构成。这些电子不仅受到其所在原子核的束缚，同时还受到周围其他原子核和电子的复杂影响。这种相互作用的结果，使得晶体中的电子行为远比单个原子中的电子行为更为复杂和多样。能带理论的一个关键思想，是将晶体中的电子视为在整个晶体内运动的共有化电子。这一概念的提出，打破了以往将电子束缚在特定原子周围的传统观念，揭示了电子在晶体周期性势场中的自由运动特性。这些共有化电子在晶体内部的运动，形成了具有特定能量分布和结构的电子能带，这是理解晶体物理性质的重要基础。具体来说，由于晶体中原子排列的周期性，使得晶体内部的势场也呈现出周期性变化的特点。共有化电子在这一周期性势场中运动时，其能量状态将不再是离散的能级，而是形成了一系列准连续的能级，这些能级就构成了所说的能带。

### (二)能带、能级与禁带的概念及其物理意义

在能带理论中,能带、能级和禁带是三个基本且重要的概念。它们不仅描述了晶体中电子的能量状态和分布,还为理解晶体的导电性、光学性质等提供了关键信息。能带是由准连续能级构成的能量区域,它反映了共有化电子在晶体中可能具有的能量范围。在能带内部,电子可以相对自由地运动,从一个能级跃迁到另一个相邻的能级而不需要吸收或放出大量的能量,这种能量状态的准连续性是晶体中电子行为的一个重要特征。能级则是指在特定能带中电子所具有的确定能量状态。虽然能带中的能级是准连续的,但仍然可以将其细分为无数个具有微小能量差异的能级,这些能级的存在和分布决定了电子在晶体中的具体运动方式和跃迁规律。禁带是位于不同能带之间的能量区域,其中电子不能稳定存在。换句话说,禁带是能带之间的“能量间隙”,它阻止了电子从一个能带直接跃迁到另一个能带。禁带的存在对晶体的导电性具有重要影响:在禁带宽度较大的晶体中,电子难以通过禁带进行跃迁,因此晶体表现出较差的导电性;而在禁带宽度较小的晶体中,电子则更容易通过禁带进行跃迁,从而表现出较好的导电性。因此,对禁带的研究不仅有助于深入了解晶体的电子结构,还为调控晶体的物理性质提供了重要途径。

## 二、能带理论的计算方法

### (一)自由电子近似法

#### 1. 自由电子近似法的原理

自由电子近似法的核心思想是将晶体中的电子看作是在无束

缚的空间中自由运动的粒子。这种近似基于金属等导体材料内部电子的特殊行为:虽然电子在原子尺度上受到原子核的吸引,但在宏观尺度上,由于金属内部原子排列的紧密性和规律性,电子可以在整个金属晶体内自由移动,形成所谓的“电子气”。在自由电子近似法中,忽略了原子核对电子的具体束缚作用,而只关注电子在晶体中的整体运动状态。这样做的好处是大大简化了问题的复杂性,使得能够用相对简单的数学模型来描述电子的能量分布和运动规律。例如,在自由电子近似下,电子的能量与动量之间满足简单的二次函数关系,即电子的动能与其动量的平方成正比。这种关系在经典力学和量子力学中都有明确的数学表达形式,为进一步分析和计算提供了便利。

**2. 自由电子近似法的应用**

自由电子近似法在金属等导电材料的能带结构研究中有着广泛的应用。首先,它可以帮助理解金属为什么具有良好的导电性。在金属晶体中,由于原子排列的紧密性和规律性,价电子很容易从一个原子转移到另一个原子,形成自由电子。这些自由电子在金属内部自由移动,传递电流,从而赋予了金属良好的导电性。通过自由电子近似法,可以定量地描述这种导电过程,预测金属的导电性能。其次,自由电子近似法还可以用于解释金属的光学性质。当光波入射到金属表面时,会与金属内部的自由电子发生相互作用。这种相互作用会导致光波的吸收、反射和透射等现象。通过自由电子近似法,可以分析这些光学现象的物理机制,预测金属在不同波长下的光学响应。此外,自由电子近似法还可以作为更复杂能带计算方法的基础。虽然自由电子近似法忽略了原子核对电子的束缚作用,但它提供了一个简单而直观的物理模型。在这个模型的基础上,可以逐步引入更多的影响因素(如原子核的周期性势场、电子之间的相互作用等),从而得到更精确的能带结构计算结果。

## (二)紧束缚近似法

### 1. 紧束缚近似法的核心原理

紧束缚近似法的核心在于它承认了原子核对电子的强大束缚力。在离子晶体或其他类似结构中,电子往往更倾向于围绕其所属的原子核运动,形成相对稳定的电子云。这些电子虽然也会受到其他原子核的微弱影响,但主要还是受限于自己的原子核。这种束缚作用的强烈性使得电子在晶体中的行为更加局部化,与自由电子的弥散状态形成鲜明对比。通过紧束缚近似法,可以更加深入地理解离子晶体的电子结构和性质。例如,在离子晶体中,正负离子之间的电子转移和共享是形成其稳定结构的关键。紧束缚近似法能够帮助定量地描述这种电子转移的过程,以及预测离子晶体在各种条件下的物理和化学性质。

### 2. 紧束缚近似法的适用性

首先,紧束缚近似法在固体物理学和材料科学中有着广泛的应用,尤其是在研究离子晶体等束缚作用较强的材料时。这些材料中的电子行为往往更加复杂和多样化,需要借助精确的理论工具来进行描述和预测。由于离子晶体中的电子主要受到所属原子核的束缚,因此它们在空间中的分布往往呈现出明显的局部化趋势。紧束缚近似法通过强调这种局部化特征,能够更准确地描述离子晶体的电子结构和性质。其次,紧束缚近似法还可以用于解释和预测离子晶体的光学、电学和热学等性质。例如,在光学性质方面,离子晶体中的电子跃迁过程与其能带结构密切相关。通过紧束缚近似法,可以更深入地理解这些跃迁过程的物理机制,从而预测离子晶体在不同波长下的光学响应。在电学性质方面,离子晶体的导电性能通常较差,这与其电子结构的局部化特征有关。紧束缚近似法能够帮助定量地描述这种导电性能的局限性,为离子晶体的电学应用提供理论指导。再次,紧束缚近似法还可以作为其他更复杂理论方法的基础或补充。例如,在研究更复杂的多元离子晶体或缺陷体系时,可以将紧束缚近似法与其他方法(如密度泛函理论等)相结合,以获得更全面的电子结构和性质信息。

### (三)正交化平面波法和原胞法

#### 1. 正交化平面波法与复杂晶体结构的解析

正交化平面波法是一种高级的理论方法,它充分考虑了晶体中所有原子和电子之间的相互作用。在这种方法中,电子的波函数被表示为一系列平面波的线性组合,而这些平面波又通过正交化处理,以消除它们之间的冗余性。这种正交化处理是关键步骤,它确保了波函数的精确性和计算的效率。通过正交化平面波法,能够更准确地描述复杂晶体结构中的电子行为。例如,在具有多种元素或复杂晶格结构的材料中,电子的运动受到多种原子势场的影响,其能量本征值和波函数表现出复杂的空间分布。正交化平面波法能够捕捉这些细微的变化,提供关于电子态密度、能带结构及光学性质等方面的详细信息。此外,正交化平面波法还可以与其他计算方法(如密度泛函理论)相结合,进一步提高计算的精度和可靠性。这种综合应用使得正交化平面波法在材料设计、性能预测及新型功能材料开发等领域具有广泛的应用前景。

### 2. 原胞法与电子性质的深入探究

原胞法则是另一种强大的理论工具，它侧重于从晶体的最小重复单元——原胞出发，来全面考虑晶体中所有原子和电子的相互作用。在原胞法中，将整个晶体划分为无数个相同的原胞，每个原胞内包含了晶体中所有可能的原子和电子配置。通过求解单个原胞内的薛定谔方程，可以得到整个晶体的电子性质。原胞法的优势在于它能够以较高的精度描述晶体中电子的局域化行为和相互作用机制。特别是在研究强关联电子体系、磁性材料及超导材料等复杂电子性质时，原胞法展现出了其独特的优势。通过原胞法，可以深入探究电子自旋、轨道角动量及电荷密度等关键物理量在晶体中的分布和演化规律。此外，原胞法还可以与实验技术（如 X 射线衍射、中子散射等）相结合，为实验数据的解析和理论模型的验证提供有力支持。这种理论与实验的紧密结合使得原胞法在凝聚态物理学、材料科学及能源科学等多个领域都发挥着重要作用。

## 三、能带理论在固体物理中的应用

### （一）导电性

### 1. 金属的导电性与能带理论

金属之所以具有良好的导电性，根本原因在于其特殊的能带结构。在金属晶体中，原子排列紧密，价电子不再局限于某个特定的原子，而是可以在整个晶格中自由移动。这些价电子形成了一个称为“导带”的部分填充能带。由于这个导带是部分填充的，意味着其中存在大量未占据的能级，使得电子可以轻易地从一个能级跳到另一个能级，从而在材料中自由移动。当外加电场作用时，这些自由电子会响应电场，沿着电场方向加速移动，形成电流。由于金属内部电子的这种高度可动性，使得金属成为优秀的导体。此外，金属的导电性还与其电子的有效质量、电子浓度及晶格结构等因素密切相关。

### 2. 绝缘体与半导体的导电性与能带理论

与金属形成鲜明对比的是绝缘体和半导体。这两类材料的导电性能相对较差，其原因同样可以从它们的能带结构中找到答案。对于绝缘体来说，其价电子的能带是完全被电子填满的，形成一个满带。在满带中，每个能级都被电子占据，电子无法在其中自由移动。因此，在外加电场作用下，绝缘体中的电子几乎无法形成电流，从而表现出极差的导电性。而半导体的情况则介于金属和绝缘体之间，半导体的价带也是填满的，但其禁带宽度相对较小。这意味着在一定条件下（如温度升高或光照），部分电子可以获得足够的能量从价带跃迁到导带，从而在材料中形成少量的自由电子。这些自由电子虽然数量有限，但它们仍然可以在外加电场的作用下移动，形成微弱的电流。因此，半导体的导电性虽然不如金属，但明显优于绝缘体。

## （二）光学性质

### 1. 电子跃迁与光吸收

当光照射到晶体上时，其内部的电子可以吸收光子并跃迁到更高的能级。这一跃迁过程并不是随意的，而是受到晶体能带结构的严格限制。具体来说，只有光子的能量与电子在能带中两个不同能级之间的能量差相匹配时，电子才能有效地吸收光子并发生跃迁。这种能量匹配的原则是光学吸收现象的基础,在实验中,可以通过测量晶体对不同波长光的吸收情况,来推断其内部的能带结构。例如,如果一个晶体在某个特定波长下表现出强烈的吸收峰,那么这通常意味着该波长对应的光子能量与晶体中某个重要的电子跃迁过程相匹配。此外,电子跃迁不仅与光的吸收有关,还与光的发射、反射和透射等光学现象密切相关。因此,通过深入研究电子在能带中的跃迁行为,可以更全面地理解晶体的光学性质。

**2. 能带结构与光学性质的关联**

晶体的能带结构决定了其内部电子的可能能级和跃迁路径,从而直接影响了晶体的光学性质。不同类型的晶体(如金属、半导体和绝缘体)具有截然不同的能带结构,因此也展现出各自独特的光学特性。例如,在金属中,由于导带和价带之间的重叠,电子可以轻易地吸收光子并跃迁到更高的能级,这使得金属通常具有强烈的光反射能力和较高的光吸收系数。而在半导体中,禁带宽度的存在限制了电子的跃迁行为,使得半导体对光的吸收和发射具有选择性。这种选择性是半导体在光电器件(如太阳能电池和LED)中广泛应用的基础。除了金属和半导体,绝缘体也因其特殊的能带结构而表现出独特的光学性质。由于绝缘体的禁带宽度通常较大,电子难以吸收低能量的光子发生跃迁,因此绝缘体在可见光范围内往往表现出较高的透明性。

### (三)热学性质

**1. 电子能量分布与晶体的热容**

晶体的热容描述了其在加热或冷却过程中吸收或释放热量的

能力，这一性质与晶体内部电子的能量分布密切相关。根据能带理论，知道晶体中的电子按照能量分布在不同的能带上，而这些能带的填充情况决定了电子对热能的响应。具体来说，当晶体受热时，其内部的电子会吸收热量并跃迁到更高的能级。在这一过程中，电子的能量分布会发生变化，从而影响晶体的整体热容。能带理论允许精确地计算这些电子跃迁所需的能量，进而预测晶体在不同温度下的热容变化。此外，能带理论还可以解释不同类型晶体（如金属、半导体和绝缘体）在热容方面的差异。例如，金属由于其内部电子的自由移动性，通常具有较高的热容；而绝缘体则因其电子被紧密束缚在原子周围，热容相对较低。

**2. 电子结构与晶体的热导率**

除了热容外，热导率也是晶体重要的热学性质之一，它描述了晶体传导热量的能力。晶体的热导率与其内部电子的结构和运动状态密切相关，能带理论在这方面同样发挥着关键作用。根据能带理论，可以了解晶体中电子的传导机制。在金属晶体中，价电子形成的导带允许电子自由移动，这种自由电子的存在使得金属具有优异的导热性能。相比之下，在绝缘体和半导体中，由于禁带宽度的存在，电子的传导受到限制，因此它们的热导率通常较低。此外，能带理论还可以帮助理解晶体中声子（晶格振动的量子化单位）对热导率的贡献。声子是晶体中热量传递的主要载体之一，其传输特性与能带结构密切相关。通过研究声子在能带中的传播和散射行为，可以更深入地了解晶体的热传导机制，并预测其热导率。

# 第四节　半导体物理基础

## 一、半导体的基本结构与特性

### (一)半导体的导电性质

半导体材料,如硅、锗或砷化镓等,其内部原子通过共价键紧密结合,形成了一种特殊的晶体结构。这种结构决定了半导体在导电性上的独特性:它既不同于导体,也不同于绝缘体,而是介于两者之间。与导体相比,半导体中的自由电子数量较少。在导体中,原子外层的电子可以轻易地脱离原子核的束缚,成为自由电子,从而在电场作用下自由移动,形成电流。而在半导体中,虽然也存在一定数量的自由电子,但数量远少于导体,因此其导电性相对较差。然而,与绝缘体相比,半导体中的电子又具有一定的移动性。绝缘体中的电子被原子核紧密束缚,几乎无法成为自由电子。但在半导体中,由于共价键的特殊性质,部分电子可以在一定条件下摆脱原子核的束缚,成为自由电子并参与导电。这种条件通常包括温度、光照或掺杂等因素。这种独特的导电性质使得半导体成为电子器件的重要材料。例如,在晶体管中,通过控制半导体材料的导电性,可以实现电流的放大或开关功能。此外,在集成电路中,大量的晶体管和其他电子元件被集成在一块微小的半导体芯片上,实现了电子设备的微型化和高性能化。

### (二)半导体的光敏与热敏性质

除了导电性质外,半导体还具有光敏性和热敏性等特点。这些特点使得半导体在光电器件和热电器件等领域具有广泛的应用前景。光敏性是指半导体在受到光照时,其导电性会发生变化。这些光生电子和空穴可以在半导体中移动并参与导电,从而改变半导体的导电性。利用这一性质,人们制造出了各种光电器件,如太阳能电池、光电二极管等。热敏性则是指半导体的导电性随温度的变化而变化。一般来说,随着温度的升高,半导体中的原子振动加剧,导致共价键的松动和电子的移动性增强。这使得更多的电子可以成为自由电子并参与导电,从而提高半导体的导电性。利用这一性质,人们可以制造出各种热电器件,如热电偶、热电堆等,用于温度的测量和控制。

### (三)半导体的掺杂性质

掺杂是半导体材料制备过程中的一种重要技术,也是改变半导体导电性质的有效手段。通过向半导体中掺入少量其他元素(称为杂质),可以改变其内部的电子状态和能带结构,从而改变其导电性质。根据掺入杂质的不同类型,掺杂可以分为 N 型掺杂和 P 型掺杂。N 型掺杂是指向半导体中掺入五价元素(如磷、砷等),使得半导体中多出自由电子。这些自由电子可以在电场作用下移动并参与导电,从而提高半导体的导电性。而 P 型掺杂则是指向半导体中掺入三价元素(如硼、铝等),使得半导体中多出空穴。这些空穴可以捕获电子并参与导电过程,从而形成与 N 型半导体相反的导电性质。利用掺杂技术,人们可以制造出各种具有特定导电性质的半导体材料,并广泛应用于各种电子器件和集成电路中。例如,在晶体管中,通过控制不同掺杂类型的半导体材料的接触和电场作用,可以实现电流的放大或开关功能;在集成电路中,通过精确控制不同掺杂区域的形状和尺寸,可以实现各种复杂的电路功能和逻辑运算。

## 二、半导体的能带理论

### (一)能带理论的基本概念

在能带理论中,电子的能量不是连续的,而是被分割成若干个能带,每个能带都包含大量能量相近的电子状态。这些能带之间的能量间隙,被称为禁带。对于半导体材料而言,最为关注的两个能带是价带和导带。价带是指最高填满电子的能带,在绝对零度下,价带中的电子会填满所有可能的状态,形成一个稳定的电子结构。此时,由于价带中的电子已经占据了所有可用的状态,因此它们无法自由移动,从而不参与导电过程。与价带相对应的是导带,它是指最低未填满电子的能带。在绝对零度下,导带中是没有电子的。但是,当温度升高或受到其他外界因素的影响时,价带中的部分电子可以吸收能量并跃迁到导带中,形成自由电子。这些自由电子可以在半导体中自由移动,从而参与导电过程。

### (二)温度对半导体导电性的影响

温度是影响半导体导电性的重要因素之一。随着温度的升高,半导体中的原子振动加剧,导致晶格结构的扰动增强。这种扰动可以为价带中的电子提供足够的能量,使其跃迁到导带中成为自由电子。同时,价带中也会留下相应的空穴。自由电子和空穴的产生使得半导体中的载流子浓度增加,从而提高了其导电性。这也是为什么在常温下,许多半导体材料能够表现出良好的导电性能。然而,需要注意的是,随着温度的进一步升高,半导体的导电性并不会无限增加。因为高温下,晶格结构的扰动也会加剧电子与空穴的复合,从而降低载流子的寿命和迁移率。

### (三)光照对半导体导电性的影响

除了温度之外,光照也是影响半导体导电性的另一个重要因素。这些光生电子和空穴同样可以在半导体中自由移动,并参与导电过程。因此,在光照条件下,半导体的导电性会得到显著提升。这种现象被广泛应用于太阳能电池、光电二极管等光电器件中。通过利用光照对半导体导电性的影响,可以实现光能与电能之间的直接转换,为新能源技术的发展提供有力支持。

## 三、半导体的掺杂与 PN 结

### (一)掺杂技术与半导体导电性的调控

掺杂技术是通过向纯净的半导体材料中引入少量的杂质元素,以改变其内部的电子状态和能带结构。这些杂质元素通常具有与半导体基体不同的价电子数目,从而能够在半导体中引入额外的自由电子或空穴。根据掺入杂质类型的不同,掺杂可以分为 N 型掺杂和 P 型掺杂两种。N 型掺杂是指向半导体中掺入五价元素,如磷、砷等。这些五价元素在半导体晶格中替代原有的四价原子后,会多出一个未配对的电子,成为自由电子。这些自由电子的存在显著提高了半导体的导电性,使得 N 型半导体呈现出电子导电的特性。相比之下,P 型掺杂则是通过向半导体中掺入三价元素,如硼、铝等来实现的。三价元素在替代四价原子后,会留下一个空位,即空穴。在半导体中,空穴可以视为带正电的粒子,其移动同样能够贡献导电性。因此,P 型半导体主要呈现出空穴导电的特性。

### （二）PN 结的形成与特性

当 N 型半导体和 P 型半导体紧密接触时，它们之间会形成一个特殊的界面——PN 结。在这个界面处，由于两侧半导体的导电性质截然不同，电子和空穴会发生扩散运动。具体来说，N 型半导体中的自由电子会向 P 型半导体扩散，而 P 型半导体中的空穴则会向 N 型半导体扩散。这种扩散运动持续进行，直到在 PN 结两侧建立起稳定的内建电场和电势差。内建电场的形成是由于扩散到对方的电子和空穴发生复合，释放出能量，这些能量以热能的形式耗散，同时在 PN 结两侧留下不能移动的带电离子。这些带电离子在 PN 结两侧形成空间电荷区，产生从 N 区指向 P 区的内建电场。内建电场的存在阻止了电子和空穴的进一步扩散，使得 PN 结处于动态平衡状态。此时，PN 结表现出单向导电性，即只允许电流从 P 区流向 N 区，而反向则几乎不导电。这种单向导电性是半导体器件工作的基础，为二极管、三极管等电子元件的应用提供了可能。

### （三）半导体器件的单向导电性及其应用

基于 PN 结的单向导电性，人们设计并制造出了各种功能的半导体器件。其中，二极管是最简单且应用广泛的一种。二极管具有正向导通、反向截止的特性，这使得它在电路中具有整流、检波等多种功能。此外，三极管也是基于 PN 结原理的重要半导体器件。三极管由三个区域（发射区、基区和集电区）和两个 PN 结（发射结和集电结）构成，具有放大电流和开关作用。通过控制基极电流的变化，可以实现对集电极电流的大幅度调控，从而实现信号的放大或开关操作。这些半导体器件在电子系统中发挥着举足轻重的作用,广泛应用于计算机、通信、自动控制等领域。它们的出现不仅极大地推动了电子技术的发展,也为人类社会的科技进步做出了巨大贡献。

## 四、半导体的磁效应与热电效应

### (一)半导体的磁效应

#### 1. 磁效应的基本原理

要深入理解磁效应在半导体中的作用机制,首先需要回到原子层面。在原子内部,电子不仅携带着负电荷,还拥有一个与生俱来的自旋磁矩,它就像是一个微小的磁铁,能够与外部磁场发生相互作用。当外部磁场作用于半导体材料时,材料内部的电子自旋磁矩会受到磁场的影响,发生所谓的“塞曼效应”——即电子能级在磁场作用下发生分裂。这种能级分裂会直接影响电子在半导体中的跃迁和传输行为。具体来说,分裂后的能级会导致电子在跃迁过程中面临更多的能量障碍,从而影响其整体的迁移率和导电性能。除了自旋磁矩外,电子的轨道运动也会产生一个轨道磁矩。在磁场作用下,轨道磁矩同样会发生变化,进一步影响电子的运动状态和半导体的导电性质。这些微观层面的变化,最终会在宏观上表现为半导体电阻、电流等电学参数的改变。

#### 2. 磁效应的应用实例

基于半导体的磁效应,科研人员和技术人员已经开发出了一系列具有实用价值的磁敏器件。这些器件能够灵敏地感知外部磁场的变化,并将其转化为易于处理的电信号,因此在多个领域都有着广泛的应用。磁敏电阻是一种典型的磁敏器件,它的工作原理是：当外部磁场发生变化时，磁敏电阻内部的电子运动状态会随之改变，从而导致电阻值的增减。这种特性使得磁敏电阻在磁场测量、电流检测等领域具有独特的优势。例如，在电机控制系统中，通过安装磁敏电阻来监测电机周围的磁场变化，可以实现对电机转速和方向的精确控制。除了磁敏电阻外，磁敏二极管也是另一种重要的磁敏器件。它利用磁场对半导体 PN 结中载流子运动的影响，实现磁电转换。当外部磁场作用于磁敏二极管时，会改变 PN 结中载流子的分布和运动状态，从而影响二极管的导电性能。这种特性使得磁敏二极管在磁控开关、磁场传感器等领域具有广泛的应用前景。

**3. 磁效应的未来发展前景**

随着科技的不断进步，人们对磁效应的理解和应用也在不断深入。未来，磁效应有望在更多领域展现其独特的价值。随着材料科学的不断发展，人们有望研发出更多具有优异磁敏性能的新型半导体材料。这些材料将具有更高的磁敏灵敏度、更快的响应速度和更广的工作温度范围，从而为磁敏器件的性能提升提供有力支持。磁电子学作为一门新兴学科，致力于研究磁场与电子运动之间的相互作用及其在信息存储和处理中的应用。随着磁电子学的不断深入发展，人们有望开发出更多基于磁效应的新型电子器件，如磁随机存储器（MRAM）、自旋场效应晶体管（SPIN－FET）等，从而推动信息技术的革新与进步。磁效应在生物医学领域也有着广阔的应用前景。例如，利用磁敏器件可以实现对生物体内微弱磁场的精确测量，从而为疾病诊断和治疗提供新的手段。此外，磁效应还可以用于药物控释、细胞操控等生物医学研究中，为生命科学的发展贡献新的力量。

## (二)半导体的热电效应

### 1. 热电效应的基本原理

热电效应的产生,归根结底,源于温度梯度对电子能量的影响。在半导体内部,电子的能量状态与所处环境的温度密切相关。当半导体某一区域的温度升高时,该区域内的电子能量也会相应提升;反之,温度降低则电子能量降低。这种能量上的差异,成为电子运动的驱动力,使得电子倾向于从能量高的高温区域向能量低的低温区域移动。在这一过程中,电子的定向移动并不是无序的,而是遵循一定的物理规律,大量电子的有序移动就形成了所说的热电流。同时,由于电子的定向移动,半导体两端也会产生电势差,即热电势差。这种电势差的大小与半导体两端的温度差成正比,因此可以通过测量热电势差来推算出半导体两端的温度差,进而实现对温度的精确测量。

### 2. 热电效应的应用领域

基于热电效应的原理,人们开发出了多种测温器件,如热电偶、热电堆等。这些器件在温度测量、温度控制等领域发挥着重要作用。热电偶是最早且最广泛应用的热电效应测温器件,它由两种不同金属的导线组成,当两端存在温度差时,就会产生热电势差。通过测量这个热电势差,结合已知的热电偶分度表,就可以准确地推算出被测温度。热电偶具有结构简单、测量准确度高、响应速度快等优点,因此在工业生产、科学研究等领域得到了广泛应用。除了热电偶之外,热电堆也是一种常用的测温器件。它由多个热电偶串联而成,因此具有更高的灵敏度和测量精度。热电堆常被用于微小温度变化或高精度温度测量的场合。在温度控制系统中,热电效应器件也发挥着重要作用。例如,在恒温箱、空调等设备中,通常会使用热电偶或热电堆作为温度传感器,实时监测设备内部的温度变化。当温度偏离设定值时,控制系统会根据热电效应器件输出的电信号进行相应的调节,使温度恢复到设定范围内。这种基于热电效应的温度控制方式具有精确度高、响应速度快等优点,为提高设备的稳定性和性能提供了有力保障。

**3. 热电效应的未来发展**

随着科技的不断发展,人们对热电效应的研究和应用也不断深入。未来,热电效应有望在更多领域发挥重要作用。热电效应能够将热能直接转换为电能,这为新能源领域提供了一种新的能源利用方式。例如,在汽车尾气回收、工业废热利用等方面,可以利用热电效应器件将原本浪费的热能转换为电能,提高能源利用效率。此外,在太阳能、地热能等可再生能源的开发利用中,热电效应也有望发挥重要作用。随着微电子与纳米技术的不断发展,热电效应在微尺度领域的应用前景也日益广阔。例如,在微型传感器、微型能源系统等方面,可以利用热电效应实现能量的高效转换与利用。此外,纳米材料独特的物理性质也为热电效应的研究和应用带来了新的机遇和挑战。在生物医学领域中,热电效应也有望发挥重要作用。例如,在人体温度监测、药物控释等方面,可以利用热电效应器件实现高精度、无创的温度测量和控制。此外,热电效应还可以用于研究生物体内的热传递过程及疾病诊断与治疗等方面。

## (三)半导体多元效应的综合应用与发展前景

**1. 多功能传感器的开发与应用**

随着科技的不断发展,人们对传感器的要求也越来越高。传统的单一功能传感器已经无法满足现代复杂多变的环境需求。而利用半导体的多元效应,可以开发出能够同时感知光、磁、温度等多种物理量的多功能传感器,这种多功能传感器在环境监测领域具有巨大的应用潜力。例如,在气象监测中,通过集成光电、磁敏和热电等多种传感器,可以实时获取风速、风向、温度、湿度等多种气象参数。这不仅提高了监测的准确性和效率,还为气象预报和灾害预警提供了更为可靠的数据支持。此外,在工业自动化领域,多功能传感器也发挥着重要作用。在生产线上,通过安装能够感知光、磁、温度等多种物理量的传感器,可以实现对生产设备的实时监控和故障诊断。这不仅提高了生产效率和产品质量,还降低了设备维护成本和故障率。

**2. 能源转换与利用的新途径**

半导体的热电效应为热能转换为电能提供了一种有效途径。这种能源转换方式具有无污染、无噪声、无须额外燃料等优点,因此在能源领域具有广泛的应用前景。通过研究和优化半导体材料的热电性能,可以开发出更高效的热电发电装置。这些装置可以利用工业废热、汽车尾气等低温热源进行发电,从而实现能源的回收和高效利用。这不仅可以提高能源利用效率,降低能源消耗和排放,还有助于缓解全球能源危机和环境问题。

**3. 信息存储与处理的革新**

随着信息技术的飞速发展,人们对信息存储和处理的速度、密度和功耗等方面提出了更高的要求。利用半导体的磁效应和光电效应,可以开发出新型的信息存储和处理器件,以满足现代信息技术的需求。例如,基于半导体的磁效应,可以开发出高密度的磁随机存储器(MRAM)。这种存储器具有非易失性、高速读写、低功耗等优点，因此在嵌入式系统、移动设备等领域具有广泛的应用前景。同时，利用光电效应，还可以实现光存储技术，通过激光束对半导体材料进行读写操作，从而实现高密度、高速率的信息存储。在信息处理方面，利用半导体的多元效应，可以设计出更为高效、低功耗的逻辑电路和运算器件。例如，通过结合光电效应和磁效应，可以实现光电-磁电混合逻辑电路，从而提高信息处理的速度和效率。同时，利用热电效应，还可以实现热电-电子混合运算器件，以降低功耗并提高运算精度。

# 第三章　光电阴极的材料与制备

## 第一节　光电阴极的常用材料

### 一、光电阴极的分类

#### （一）银氧铯光电阴极

银氧铯光电阴极，以银和氧铯为主要构成成分，是光电转换领域中的一种重要器件。这种光电阴极具有独特的光电性能，使得它在特定的光电转换应用中表现出色。银氧铯光电阴极的工作原理基于光电效应，即当光子照射到阴极表面时，能量足够的光子能够激发阴极材料中的电子，使其从表面逸出，形成光电流。在这一过程中，银和氧铯的特定组合发挥了关键作用。银具有良好的导电性和反射性，能够有效地传输和反射光子，提高光电转换效率。而氧铯的加入则能够调节阴极材料的功函数，降低电子逸出所需的能量，从而增强光电效应。这种银氧铯光电阴极在光电倍增管、夜视仪、高速摄影机及光谱分析仪等设备中得到了广泛应用。在这些应用中，银氧铯光电阴极能够高效地将光信号转换为电信号，实现弱光信号的检测与放大，为科研、军事、医疗等领域提供了重要的技术支持。此外，随着科技的不断发展，银氧铯光电阴极的制备工艺也在不断改进，材料性能得到了进一步提升。未来，随着新材料、新技术的不断涌现,银氧铯光电阴极有望在更广泛的领域展现其独特的优势,为光电技术的发展注入新的活力。

### (二)单碱锑化物光电阴极

单碱锑化物光电阴极是一类在可见短波区和近紫外区表现卓越的光电转换器件。这类阴极的响应率高,意味着在这些特定的光谱范围内,它能够更有效地将入射的光信号转换为电信号,从而实现探测功能。这一特性使其在诸如光谱分析、光电探测及成像技术等领域具有广泛的应用前景。单碱锑化物光电阴极之所以能够在可见短波区和近紫外区展现出如此高的响应率,与其独特的材料性质和精细的制备工艺密不可分。这类阴极通常采用特定的碱金属和锑化物作为主要构成成分,通过精确的化学计量比和先进的制备技术,确保材料在微观层面上具有理想的晶体结构和电子态分布。这种优化后的材料结构使得阴极在吸收光子后能够更有效地激发出光电子,并降低光电子在材料内部传输过程中的损失,从而提高了光电转换效率。

### (三)多碱锑化物光电阴极

多碱锑化物光电阴极是一种特殊类型的光电阴极,它不仅对特定光谱有出色的响应能力,还具备显著的耐高温特性。这种光电阴极由多种碱金属和锑的化合物构成,经过精心设计和制备,以实现在高温环境下的稳定工作。在高温环境中,许多常规的光电材料可能会遭受性能退化,但多碱锑化物光电阴极却能在这样的条件下保持其光电转换效率。这得益于其独特的材料组成和结构,使得它能够在高温下有效地抵抗热衰减,维持稳定的光电响应。多碱锑化物光电阴极的耐高温特性使其在航天、能源、工业监测等领域的高温光电应用中具有显著优势。例如，在航天器的太阳能电池板中，这种光电阴极可以高效地转换太阳光能，即使在太空中的极端温度条件下也能保持稳定的性能。此外，在工业生产过程中，高温环境下的光电监测和控制也是多碱锑化物光电阴极的重要应用领域。

### （四）紫外光电阴极

紫外光电阴极是专门设计用于对紫外信号高度灵敏的光电器件。这类阴极针对紫外光谱范围内的光子具有出色的响应能力，能够精确地检测并转换紫外光信号。由于紫外光在许多领域具有独特的应用价值，如生物医疗、环境监测、天文观测及军事应用等，紫外光电阴极在这些领域发挥着至关重要的作用。在紫外探测技术中，紫外光电阴极是实现高精度、高灵敏度探测的关键元件。它能够迅速捕捉微弱的紫外信号，并将其转换为可测量的电信号，从而实现对紫外光源的准确检测和定位。此外，紫外光电阴极还广泛应用于紫外成像技术中，通过与图像传感器的结合，能够实时捕捉并显示紫外光图像，为科研人员和工程师提供直观、可靠的观测数据。紫外光电阴极的设计和制造需要高精度的材料科学和工艺技术，通常采用特殊的材料和结构，以优化其在紫外光谱范围内的响应特性。同时，为了提高紫外光电阴极的性能和稳定性，还需要进行严格的质量控制和环境适应性测试。

### （五）负电子亲和势光电阴极

负电子亲和势光电阴极，以其高量子效率、宽光谱响应、低势电子发射，以及集中的光电子能量等显著特点，已然成为高性能光电应用中的关键材料。这种光电阴极的巧妙设计，使得其表面的电子亲和势为负值,这意味着电子在吸收光子能量后,能够更轻松地逸出材料表面,形成光电流。这一特性不仅提高了光电转换的效率,还使得该阴极在宽光谱范围内都能有出色的响应。此外,负电子亲和势光电阴极的低势电子发射特性,使得其能够在较低的外加电压下工作,这有助于降低整体系统的能耗,提高能源利用效率。同时,其集中的光电子能量特性,意味着逸出的电子具有相对统一的能量分布,这有助于简化后续电子信号的处理和分析。在高性能光电应用中,如光电倍增管、光电探测器及夜视仪等,负电子亲和势光电阴极都发挥着至关重要的作用。它不仅能够提升这些设备的性能,还能够拓展其应用范围,使其能够在更为复杂和严苛的环境中稳定工作。

## 二、常用材料及特性

### (一)碱金属及碱土金属化合物材料

碱金属及碱土金属化合物材料在光电阴极领域占据着举足轻重的地位,涵盖了银氧铯、铋银氧铯及多碱锑化物等多种类型。它们因其卓越的光电转换效率和稳定性而广受青睐,成为高性能光电器件中不可或缺的关键组成部分。这些材料展现出的特点是对特定光谱的灵敏响应,使得光电器件能够在各种复杂的光照条件下准确捕捉并转换光信号。同时,它们还具备在较宽光谱范围内工作的能力,这进一步拓宽了光电阴极的应用场景。值得一提的是,经过改进的多碱光电阴极更是展现出了耐高温的优异特性。这一特点使其在高温环境下的光电应用中表现出色,确保了光电器件在高温条件下的稳定性和可靠性。这些材料的出色性能和多样化特点,使得它们在光电探测、成像技术及高温光电应用等领域中发挥着至关重要的作用。随着科技的不断进步，这类材料的研究和应用也在不断深入。

### （二）半导体材料

半导体材料作为光电阴极的重要组成，特别是Ⅲ-Ⅴ族元素构成的半导体，展现出了卓越的光电性能。这类材料拥有高的光吸收系数，意味着它们能够更有效地捕获入射光，将其转化为电能。同时，散射能量损失小，确保了光能在材料内部传递时不会被过多地耗散，从而提高了能量转换效率。而量子效率高则表明，这些半导体材料在光电转换过程中能够产生更多的有效电子，进一步增强了其作为光电阴极材料的优势。在半导体材料中，电子的亲和力对逸出功有着显著的影响。亲和力的大小决定了电子从材料内部逸出到真空或外部电路所需的能量，通过减小电子的亲和力，可以降低电子逸出功，这意味着电子更容易从材料表面逸出，从而提高了量子效率。这一特性使得半导体光电阴极在光电转换过程中具有更高的灵敏度和效率。此外，半导体光电阴极还具备光谱响应的可调性。通过精确调控材料的组成和结构，可以实现对不同波长光线的响应，从而满足多样化的应用需求。这种灵活性使得半导体光电阴极在太阳能电池、光电探测器、夜视仪等领域具有广泛的应用前景。

### （三）单碱与多碱锑化物光电阴极

锑铯（$Cs_3Sb$）光电阴极是最常用的、量子效率很高的光电阴极。它的制作方法非常简单，先在玻璃管的内壁上蒸镀一层厚约零点几纳米的锑膜，然后在一定温度（130 ℃、170 ℃）下通入蒸气,反应生成 $Cs_3Sb$ 化合物膜。如果再通入微量氧气,形成 $Cs_3Sb$(O)光电阴极,可进一步提高灵敏度和长波响应。

锑铯光电阴极的禁带宽度约为 1.6 eV,电子亲和势为 0.45 eV,光电发射阈值 E 约为 2 eV,表面氧化后阈值 E 略减小,阈值波长将向长波延伸,长波限约为 650 nm,对红外不灵敏。锑铯光电阴极的峰值量子效率较高,一般高达 20%~30%,比银氧盐光电阴极高 30 多倍。

两种或三种碱金属与锑化合形成多碱锑化物光电阴极,其量子效率峰值可高达 30%,且暗电流低、光谱响应范围宽,在传统光电阴极中性能最佳。

$Na_2KSb$ 光电阴极的光谱响应峰值波长在蓝光区,使用温度可高达 150 ℃左右。$K_2CS_3SB$ 光电阴极材料的光谱响应峰值在 385 nm 处,暗电流特别低。含有微量铯的 $Na_2KSb$(Cs)光电阴极的电子亲和势由 1.0 eV 左右降到 0.55 eV 左右,对红光敏感的光电阴极甚至降到 0.25~0.30 eV。所以,它不仅有较高的蓝光响应,而且光谱响应延伸至近红外区。含铯的光电阴极材料通常使用温度应不超过 60 ℃,否则会被蒸发,光谱灵敏度显著降低,甚至被破坏而无光谱灵敏度。

### (四)银氧铯与铋银氧铯光电阴极

银氧铯(Ag-O-Cs)光电阴极是最早使用的高效光电阴极,它的特点是对近红外辐射灵敏。制作过程是先在真空玻璃壳壁上涂上一层银膜再通入氧气,通过辉光放电使银表面氧化,对于半透明银膜,由于基层电阻太高,不能用放电方法而用射频加热法形成氧化银膜,再引入铯蒸气进行敏化处理,形成 Ag-O-Cs 薄膜。

从表 3-1 中可以看出,银氧铯光电阴极的相对光谱响应曲线有两个峰值，一个在 350 nm 处，一个在 800 nm 处。光谱范围在 300～1 200 nm 之间。量子效率不高，峰值处为 0.5%～1%。银氧铯光电阴极使用温度可达 100 ℃，但暗电流较大，且随温度变化较快。

铋银氧铯光电阴极可用各种方法制成。在各种制法中，四种元素结合的次序可以有各种不同方式，如 Bi-Ag-O-Cs、Bi-O-Ag-Cs、Ag-Bi-O-Cs 等。

Bi-Ag-O-Cs 光电阴极的量子效率大致为 $Cs_3Sb$ 光电阴极的一半，其优点是光谱响应与人眼相匹配。暗电流比 $Cs_3Sb$ 光电阴极大，但比 Ag-O-Cs 光电阴极小。

**表 3-1 几种常用光电阴极材料的特性参数**

| 光电阴极材料 | 光谱响应范围/nm | 峰值波长/nm | 峰值波长量子效率(%) | 灵敏度典型值/(uA/Im) | 灵敏度最大值/(uA/Im) | 20 ℃时的典型暗电流/(A/$cm^2$) |
|---|---|---|---|---|---|---|
| Ag-O-Cs | 400～1200 | 800 | 0.4 | 20 | 50 | 10～12 |
| Css Sb | 300～650 | 420 | 14 | 50 | 110 | 10～16 |
| Bi-Ag-O-Cs | 400～780 | 450 | 5 | 35 | 100 | 10～14 |
| $Na_2KSb$ | 300～650 | 360 | 21 | 50 | 110 | 10～18 |
| KCsSb | 300～650 | 385 | 30 | 75 | 140 | 10～17 |
| $Na_2KSb(Cs)$ | 300～850 | 390 | 22 | 200 | 705 | 10～16 |

## (五)其他新型材料

除了传统的碱金属、碱土金属化合物及半导体材料，新型材料在光电阴极领域的应用正日益凸显。有机材料，特别是有机染料和聚合物,凭借其独特的优势,如低廉的制备成本和出色的可塑性,正逐渐成为柔性光电器件制备的理想选择。这些有机材料不仅能够有效吸收光能,还能在光电转换过程中展现出良好的稳定性,为光电阴极的性能提升提供了新的可能。同时,纳米材料和复合材料的崛起也为光电阴极领域带来了新的突破。纳米材料因其独特的尺寸效应和表面效应,能够显著增强光电阴极的光吸收能力和电子传输效率;而复合材料则通过结合不同材料的优点,实现了光电阴极性能的全面提升。例如,将纳米材料与有机材料相结合,可以制备出既具有高光电转换效率又具备良好柔性的光电阴极,从而满足更为广泛的应用需求。这些新型材料的应用不仅为光电阴极的发展注入了新的活力,更在性能提升、成本降低和应用范围拓展等方面展现出了巨大的潜力。

## 三、材料选择因素

### (一)光电转换效率

光电转换效率是评估光电阴极材料性能的关键指标,它直接决定了材料将入射光转换为电信号的能力。高效的光电转换意味着更多的光能被有效利用,进而提升整个光电器件的性能。在选择光电阴极材料时,高光敏性是一个重要的考量因素。光敏性高的材料能够更灵敏地响应光线,即使在微弱的光照条件下也能产生显著的光电流,从而确保器件在各种光照环境中都能稳定工作。此外,低暗电流也是选择光电阴极材料时需要关注的一个方面。暗电流是指在无光照条件下材料自身产生的电流,它会对光电信号产生干扰,降低信噪比。因此,选择具有低暗电流特性的材料对于提高光电阴极的性能至关重要。同时,材料在宽光谱范围内的响应能力也是不可忽视的，不同的应用场景可能需要光电阴极对不同波长的光线进行有效响应。具备宽光谱响应能力的材料能够适应更广泛的光照条件，从而满足多样化的应用需求。

### （二）稳定性及可靠性

光电阴极材料的稳定性和可靠性是确保光电器件长期稳定运行的关键因素。这些材料必须能够在多变的环境条件下，如温度波动、湿度变化及光照强度的变化，维持其性能的稳定。这不仅要求材料本身具有高度的稳定性，还需要经过精心的设计和制造过程，以确保其在实际应用中能够抵御各种外界因素的干扰。同时，抗老化性能和耐腐蚀性也是评估光电阴极材料稳定性的重要指标。光电器件在长期运行过程中，不可避免地会遭受各种老化因素的影响，如氧化、水解等。因此，材料必须具备良好的抗老化性能，从而延长器件的使用寿命。此外，在某些特定的应用环境中，光电器件可能会接触到腐蚀性物质，这就要求光电阴极材料还必须具备出色的耐腐蚀性，以保护器件免受损害。

### （三）可加工性与成本

在实际应用中，光电阴极材料的可加工性与成本显得尤为关键。易于加工的材料不仅能简化制造流程、减少生产环节的复杂性，还能显著降低制造成本，为企业创造更大的利润空间。此外，这类材料还能有效提高生产效率，缩短产品从研发到市场的周期，从而帮助企业快速响应市场变化，抢占先机。材料的来源广泛性和价格合理性同样不容忽视。若材料来源受限或价格高昂，即便其性能再优异，也难以在市场上获得广泛的认可和应用。反之，若材料来源广泛、价格适中，不仅能降低企业的采购成本，还能增强产品的市场竞争力，为企业赢得更多的市场份额。因此，在选择光电阴极材料时，必须全面考量其加工性能和成本效益。这意味着，除了关注材料的光电性能外，还要充分考虑其在实际生产中的可操作性、加工效率及成本控制等多个方面。

#### （四）光谱响应特性

不同的应用场景确实对光电阴极材料的光谱响应特性提出了各异的要求。在某些特定波长的光检测中，材料的高度敏感性至关重要，它决定了器件能否准确、迅速地捕捉并响应目标信号。因此，针对这类应用，必须选择那些在特定波长范围内具有优异光谱响应特性的光电阴极材料。这种选择不仅依赖于材料本身的固有性质，还需要通过科学的测试和评估，来确认其在实际工作环境中的表现。只有确保所选材料在目标光谱范围内具有出色的性能，才能制造出满足应用需求的高品质光电器件。这种匹配应用需求和材料特性的做法，是实现光电技术精确、高效应用的关键。

## 第二节　光电阴极的制备工艺

### 一、光电阴极制备工艺的分类

#### （一）物理气相沉积（PVD）工艺

**1. 镀料的气化**

在 PVD 工艺中，需要将镀料（即用于形成薄膜的材料）气化，通常通过高温蒸发或高能粒子轰击靶材来实现。在高温蒸发过程中,镀料被加热至其熔点以上,从而蒸发成气相。而在高能粒子轰击过程中,粒子束(如电子束或离子束)撞击靶材,使靶材表面的原子或分子被溅射出来并形成气相。

**2. 气相原子的迁移**

一旦镀料气化,形成的气相原子或分子会在真空或低气压环境中迁移。这些原子或分子在迁移过程中可能会发生碰撞、散射和化学反应。为了确保薄膜的均匀性和质量,需要控制迁移过程中的温度、气压和迁移距离等参数。此外,还可以利用磁场或电场来引导气相原子的迁移方向,以实现更精确的沉积。

**3. 薄膜的沉积与形成**

当气相原子或分子迁移到基体(即光电阴极的支撑材料)表面时,它们会在表面沉积并形成薄膜。在沉积过程中,原子或分子会经历吸附、扩散、成核和生长等阶段,最终形成连续且致密的薄膜。薄膜的厚度、结构和性能可以通过调节沉积时间、温度和基体表面的状态等参数来控制。在沉积完成后,还可以对薄膜进行后续处理(如退火、表面处理等),以进一步优化其光电性能。

### (二)化学气相沉积(CVD)工艺

**1. 准备阶段**

在准备阶段,主要任务是选择合适的基片材料和清洗基片表面。基片的选择通常取决于所需光电阴极的特定应用和性能要求。清洗过程至关重要,因为它可以去除基片表面的杂质和污垢,为后续的沉积过程提供一个干净的起点。

**2. 沉积阶段**

沉积阶段是 CVD 工艺的核心部分,在这个阶段,反应气体被引入反应室中,并在高温下发生化学反应。这些反应通常涉及气体的分解和原子或分子的重新组合,以在基片表面形成固态薄膜。沉积过程的温度、压力、气体浓度和流率等参数都会影响到薄膜的质量和性能。因此,必须对这些参数进行精确的控制,以确保沉积过程的稳定性和可重复性。

**3. 后处理阶段**

在沉积完成后,进入后处理阶段,这个阶段的主要任务是进行冷却处理和取出基片。冷却过程需要缓慢进行,以避免由于温度骤变而引起的薄膜应力破裂,一旦基片冷却到室温,就可以打开反应室并取出沉积有固态薄膜的基片。取出的基片随后可以进行进一步的测试和表征,以评估其性能是否满足预期要求。

### (三)溶液处理工艺

**1. 溶液配制**

溶液处理工艺的第一步是配制适合处理光电阴极的溶液。这一步骤通常涉及选择适当的溶剂、溶质和添加剂,以制备出具有特定化学成分和浓度的处理溶液。溶液的配制需要精确控制各组分的比例和条件,确保最终溶液能够满足后续处理的要求。

**2. 浸渍或涂覆**

配制好溶液后,下一步是将光电阴极浸渍在溶液中或通过涂覆的方式将溶液均匀覆盖在光电阴极表面。浸渍通常是将光电阴极完全或部分地浸入溶液中,使其与溶液充分接触,从而实现所需的化学反应或物理作用。涂覆则是利用刷涂、喷涂或旋涂等技术将溶液均匀涂布在光电阴极表面,形成一层均匀的薄膜。

### 3. 后处理与清洗

经过浸渍或涂覆后，光电阴极需要进行后处理和清洗。后处理可能包括热处理、光照处理或其他化学反应，以进一步改善光电阴极的性能或稳定其结构。清洗则是为了去除残留在光电阴极表面的溶液、未反应的化学物质或杂质。清洗过程通常采用适当的溶剂和清洗方法，以确保光电阴极的清洁度和表面质量。

## 二、主要光电阴极制备工艺的详细步骤与参数

### （一）物理气相沉积（PVD）工艺

#### 1. 设备与材料选择

物理气相沉积（PVD）工艺的设备与材料选择是该技术应用中的关键环节。PVD 设备主要由真空室、材料源、靶材、基底、加热器和旋转台等组成。真空室作为核心部件，需具备高真空度以抵抗恶劣环境，其材料选择和结构设计都至关重要。材料源负责将原材料蒸发或溅射至基底，其性能和稳定性直接影响到薄膜的质量。靶材的选择同样重要，需考虑纯度、密度、形状等因素。在材料选择方面，PVD 工艺广泛适用于金属、合金、介电化合物等多种材料。这些材料在沉积过程中可表现出不同的光学、电气和机械性能，从而满足多样化的应用需求。例如，氧化钛金属氧化物可根据沉积工艺参数制成透明、导电或具有特定反应性的薄膜。此外，PVD 技术还包括热蒸发和溅射两种基本方法，热蒸发通过电阻加热或电子束加热使材料蒸发，而溅射则是一个非热过程。

#### 2. 制备过程步骤

物理气相沉积（PVD）工艺的制备是一个精细且多步骤的过

程,其核心在于将固态材料转化为气相,随后在基材上凝结形成薄膜。这一过程首先将待镀膜的基材进行彻底的清洁,以确保表面无污染物,为后续的薄膜沉积提供理想的条件。其次,将清洁后的基材放置在 PVD 设备的真空室内。再次,对真空室进行抽真空操作,以创造一个高真空度的环境,这是防止气体分子干扰沉积过程的关键。当真空度达到预定水平后,开始加热蒸发原材料,使其蒸发或升华为气态粒子。这些气态粒子在真空室内以直线方式传输,直至与基材表面接触。在接触瞬间,粒子失去能量并开始在基材表面凝结,逐渐形成一层均匀的薄膜。在整个沉积过程中,温度、压力、蒸发速率等参数都受到严格控制,以确保薄膜的质量和性能。沉积完成后,需要对薄膜进行后处理,如热处理或表面修饰,以进一步优化其性能。

**3. 制备参数优化**

物理气相沉积(PVD)工艺是一种重要的薄膜制备技术,广泛应用于多个领域。在优化 PVD 工艺制备参数时,需考虑多个关键因素以确保薄膜质量。真空度是首要参数,对薄膜的均匀性和质量有显著影响。根据工艺需求,需精确计算所需的真空度范围,并选择合适的真空泵以达到并维持该真空度。此外,温度控制也至关重要,适当的温度范围能控制蒸发速率和薄膜质量,同时保证基片温度的均匀性。除了真空度和温度,电源类型和规格的选择也不容忽视。根据蒸发材料的电阻率和所需蒸发速率,应选定合适的电源以调控电流和电压,进而控制蒸发速率和薄膜厚度。在 PVD 过程中,还需注意靶材与基片的距离、沉积角度和沉积时间等参数,这些都对薄膜的结构和性能有影响。

## (二)化学气相沉积(CVD)工艺

### 1. 设备与材料选择

化学气相沉积(CVD)工艺的设备与材料选择是确保沉积过程成功和获得高质量产品的关键因素。在设备方面,CVD 系统通常由反应室、加热系统、气体控制系统和真空系统组成。反应室是沉积过程发生的地方,必须能够承受高温和化学反应产生的各种气体。加热系统用于提供必要的能量以驱动化学反应,通常采用电阻加热或感应加热方式。气体控制系统则负责精确控制反应气体的流量和组成,以确保沉积过程的稳定性和可重复性。真空系统则用于在沉积前排除反应室内的空气和其他杂质,以创造一个纯净的反应环境。在材料选择方面,主要考虑的是基片材料和反应气体。基片材料的选择取决于所需沉积薄膜的特性和应用需求,常见的基片材料包括硅片、玻璃、金属等。反应气体的选择则取决于所需沉积材料的化学成分和沉积条件。常见的反应气体包括硅烷、氨气、氮气等。此外,还需要考虑反应气体之间的相容性,以及它们与基片材料的相互作用,以确保沉积过程的顺利进行和获得高质量的沉积薄膜。

### 2. 制备过程步骤

化学气相沉积(CVD)工艺是一种重要的技术,用于制备各种高质量的固体薄膜,该工艺主要涉及一系列精确控制的步骤。首先,在选择合适的基片材料后,需要对其表面进行彻底的清洗,以去除可能存在的杂质和污垢,确保沉积过程的纯净性。其次,对基片进行预处理,通常包括在其表面涂覆一层稳定的催化剂或反应层,以助于调控后续的化学反应。再次,基片被放置在反应室中,并确保反应室处于密封状态，以维持反应过程中的环境稳定性。反应室随后被加热至适当的温度，这通常在几百至一千摄氏度之间，以促进化学反应的发生。在达到所需温度后，将反应气体通过特定的通道引入反应室中。在高温环境下，反应气体发生化学反应，分解生成粒子或分子，这些粒子或分子随后在基片表面沉积，逐渐形成所需的薄膜。沉积过程中，可以通过调节反应气体的浓度、反应室的温度及靶材的选择来控制薄膜的沉积速率和性质。

**3. 制备参数优化**

化学气相沉积（CVD）工艺的制备参数优化是实现高质量薄膜沉积的关键环节。在优化过程中，多个参数需要被综合考虑和调整，包括反应温度、反应室压力、气体流量与比例及沉积时间等。反应温度直接影响气体的化学反应速率和薄膜的结构特性，因此需要根据具体材料和所需薄膜性质来精确控制。反应室压力的改变可以影响气体的浓度和分子间的碰撞频率，从而对沉积速率和薄膜的均匀性产生影响。同时，气体流量与比例也是关键参数，它们决定了反应气体的浓度和化学反应的平衡点，进而影响薄膜的成分和性质。沉积时间的控制也是至关重要的，它决定了薄膜的厚度和可能的晶体结构。通过综合优化这些参数，可以实现更高效、更均匀的薄膜沉积，提升薄膜的质量和性能，从而满足特定应用的需求。

## （三）溶液处理工艺

**1. 溶液配制**

溶液处理工艺的溶液配制是一个严谨的过程，涉及多个关键步骤和要素。在配制前，必须准确计算所需溶质的量和溶剂的体积,这是确保最终溶液浓度符合要求的基础。随后,根据计算结果,使用精确的天平称量溶质,量筒或移液管量取溶剂。在溶解过程中,要注意溶质是否完全溶解,必要时可适当加热并搅拌以加速溶解。接着,将溶液转移至容量瓶中,并用蒸馏水洗涤烧杯和玻璃棒,确保溶质完全转移。定容时,需控制溶液凹液面与刻度线相平,然后摇匀溶液,使其混合均匀。最后,将配制好的溶液倒入试剂瓶中,贴上标签,注明溶液名称、浓度和配制日期。在整个配制过程中,要遵循实验室安全规范,注意个人防护,避免溶液溅出或腐蚀皮肤。同时,还需根据具体溶质和溶剂的性质,灵活调整配制方法和条件。例如,对于易挥发的溶剂,需在通风良好的环境下操作,并及时密封保存;对于需避光保存的溶液,要选用棕色试剂瓶等。

**2. 处理过程步骤**

溶液处理工艺的处理过程步骤涉及多个关键环节,确保溶液得到妥善处理和净化。首先对原始溶液的全面分析,了解其成分、浓度和需要去除的杂质。其次是预处理阶段,通过过滤、沉淀或调节 pH 值等方法,初步去除溶液中的悬浮物、大颗粒杂质或调节其酸碱度,为后续处理创造有利条件。核心处理步骤通常包括物理、化学或生物处理方法,如吸附、离子交换、氧化还原反应或微生物降解等,这些方法根据溶液的具体特性选择,以高效去除目标污染物。在此过程中,需要严格控制处理条件,如温度、压力、反应时间等,确保处理效果达到最佳。处理完成后,进入后处理阶段,通过再次过滤、消毒或调节 pH 值等手段,确保溶液的安全性和稳定性。同时,对处理过程中产生的副产物或废弃物进行合理处置,以减少对环境的负面影响。

**3. 处理参数优化**

溶液处理工艺的处理参数优化是提升处理效率和产品质量的关键环节。在处理过程中,温度、pH 值、浓度和处理时间等参数均对最终结果有显著影响。针对不同类型的溶液和处理目标,需要调整这些参数以获得最佳效果。例如,在化学反应中,温度会影响反应速率和产物性质,因此需精确控制反应温度以确保高效且安全的反应过程。同时,pH 值也是至关重要的因素,它不仅影响溶液的酸碱性,还能改变溶液中物质的溶解度和反应活性。通过调整 pH 值,可以控制反应的进行方向和提高目标产物的收率。此外,浓度和处理时间的优化同样重要,合适的浓度可以确保反应物之间的有效碰撞,从而提高反应效率;而合理的处理时间则能保证反应的完全进行,避免资源的浪费。

## 第三节　光电阴极的结构设计

### 一、光电阴极的基本结构与功能

#### (一)光电阴极的组成部分

**1. 光电靶**

光电靶作为光电转换的核心组件,承载着光子吸收与电子发射的双重任务。在光电阴极中,它的角色至关重要,直接关乎整个光电转换过程的效率与性能。当入射光子触及光电靶时,便与靶内电子展开一场微妙的舞蹈,相互作用之下,电子获得足够的能量而跃迁至电离状态,从而形成流动的光电流。这一过程虽然瞬息万变,却精确无误地揭示了光电效应的美妙之处。光电靶的材料选择与设计匠心独具,对光电阴极的性能起着决定性的影响。材料方面,必须考量其对特定波长光子的吸收能力、电子的逸出功及稳定性等诸多因素。而结构设计则需兼顾光子的有效吸收、电子的顺利逸出与收集,以及整体机械强度的平衡。这两者相辅相成,共同铸就了光电靶的优异性能。

**2. 倾斜板**

倾斜板在光电系统中占据重要地位,其位于光电靶之后,核心作用是引导和聚焦从光电靶发射的电子。这一设计不仅优化了电子的传输路径,还显著提高了电子到达后续电子器件的效率。倾斜板的独特设计,基于电子的运动特性和光学原理,有效地控制了电子束的发散,使其在传输过程中保持较高的集中度。这种设计不仅减少了电子在传输过程中的损失,还大幅提升了光电阴极的灵敏度和响应速度。在倾斜板的设计和优化过程中,重点考虑了材料的选取、倾斜角度的确定及表面处理技术等多个方面。选用具有高导电性和良好热稳定性的材料,确保了倾斜板在工作过程中能够稳定可靠地传输电子。同时,通过精确计算和调整倾斜角度,实现了对电子束的最佳引导和聚焦效果。

**3. 冷阴极放大器**

冷阴极放大器这一光电阴极中的关键组件,其独特的电子倍增能力,显著提升了光电探测的灵敏度。在光电转换过程中,从光电靶发射出的光电流往往十分微弱,难以直接用于信号检测和分析。然而,冷阴极放大器的出现,为这一问题提供了有效的解决方案。通过利用电子倍增效应,冷阴极放大器能够将微弱的光电流放大数倍甚至更多,从而大幅提高光电信号的强度。这种倍增过程是在冷阴极材料的特殊结构和电场作用下实现的，它使得每一个入射电子都能引发更多的次级电子发射，进而形成强大的电子流。这种放大效应不仅增强了光电信号的可见度，还提高了光电阴极对微弱光信号的探测能力。

#### 4. 偏转板

偏转板位于光电阴极输出端的关键组件，它承载着控制光电子运动轨迹的重要使命。在光电转换过程中，光电子的产生和收集是核心环节，而偏转板则扮演着引导这些光电子按照预定方向输出到外部电路中的关键角色。通过精确施加合适的电压或电场，偏转板能够有效地改变光电子的运动轨迹，使它们有序地流向指定的收集区域。这种精确的控制能力，不仅确保了光电阴极输出的稳定性和可靠性，还为提高整个光电系统的探测效率和响应速度提供了有力保障。同时，偏转板的工作状态和电压控制也是至关重要的，任何微小的偏差或不稳定都可能导致光电子的轨迹发生偏离，进而影响到光电阴极的输出性能。

### （二）各部分的功能与作用

#### 1. 光电靶的功能与作用

光电靶在光电转换过程中起着至关重要的作用，它主要负责吸收光子并产生光电子，是这一过程的起始点。光电靶的材料经过精心选择，对特定波长的光具有极高的灵敏度，这意味着它能够高效地捕捉到入射的光子，并将其转换为电信号。这一特性使得光电靶在多种光电应用中成为不可或缺的关键组件。光电靶的性能对光电阴极的整体表现有着直接而深远的影响。它的光谱响应决定了光电阴极对不同波长光的敏感程度，而量子效率则反映了光电靶将光子转换为光电子的能力。一个高性能的光电靶能够提供宽广的光谱响应范围和高的量子效率,从而确保光电阴极在各种光照条件下都能稳定、高效地工作。

**2. 倾斜板的功能与作用**

倾斜板,这一关键组件在光电阴极中起着引导和聚焦光电子的重要作用。从光电靶发射出的光电子,其运动轨迹和能量分布是复杂且多样的,而倾斜板的设计巧妙地解决了这一问题。它通过特定的倾斜角度和形状,有效地引导和集中这些光电子,使它们能够更高效地传输到后续的电子倍增器或收集器中。在光电子的传输过程中,散失是一个不可忽视的问题,倾斜板的出现显著减少了这种散失。它的作用类似于一个光学透镜,将散射的光电子重新聚焦,确保更多的光电子能够被有效收集和利用。这不仅提高了光电流的收集效率,还增强了光电探测系统的灵敏度和准确性。

**3. 冷阴极放大器的功能与作用**

冷阴极放大器是光电探测系统中的关键组件,它通过电子倍增效应显著增强微弱的光电流,从而在不引入额外噪声的情况下有效地放大光电信号。这一特性使得冷阴极放大器在提升光电阴极探测灵敏度和动态范围方面发挥着至关重要的作用。在光电探测过程中,微弱的光信号往往难以被直接检测和处理,而冷阴极放大器的应用则能够将这些微弱信号放大到可被后续电路处理的水平,进而确保光电系统的准确探测和可靠性能。此外,冷阴极放大器还具有响应速度快、稳定性好等优点,这使得它能够在各种复杂的光电探测环境中表现出色。

**4. 偏转板的功能与作用**

偏转板在光电系统中具有举足轻重的地位,其核心功能是控制光电子的运动轨迹,实现光电子的定向输出。通过灵活调节偏转板上的电压,可以精准改变光电子的输出方向,这一特性使得光电系统能够灵活应对不同应用场景下的多样化需求。无论是在科研实验、工业检测还是军事侦察等领域,偏转板都发挥着不可或缺的作用。偏转板的稳定性和精确性是确保光电阴极可靠输出的关键因素,在高速运转的光电系统中,任何微小的偏差都可能导致光电子的输出轨迹发生显著变化,进而影响整个系统的性能。因此,偏转板的设计和制造必须达到极高的精度标准,同时在材料选择、结构设计及电压控制等方面也要进行严格的优化和测试。

## 二、光电阴极的关键结构设计要素

### (一)阴极材料的选择

#### 1. 电化学性能考虑

在选择阴极材料这一关键环节中,电化学性能是首要考虑的因素。它涵盖了电导率、电位差、极化曲线及保护电流密度等诸多重要参数,这些参数对于阴极在工作状态下的效率和稳定性具有决定性影响。高电导率的材料能够确保电流在阴极内部顺畅无阻地流动,这是高效能电化学反应的基础。同时,合适的电位差和极化曲线也是至关重要的,它们关系到电化学反应过程中的能耗和效率。一个理想的阴极材料应具备适中的电位差,以在保持反应进行的同时,尽可能降低能耗。而极化曲线则反映了材料在不同电流密度下的电化学行为,有助于我们更全面地了解材料的性能特点。此外,保护电流密度也是一个不可忽视的指标,它关系到阴极材料在长时间工作过程中的耐腐蚀性和使用寿命。

**2. 物理与机械性能要求**

在阴极材料的选择过程中，物理与机械性能是除了电化学性能外另一大关键考量，这些性能直接关系到阴极在实际应用中的稳定性和耐久性。材料的密度是一个重要指标，高密度的材料往往具有更出色的耐腐蚀性，能够更好地抵抗化学物质的侵蚀，从而延长阴极的使用寿命。同时，材料的强度和耐高温性能也不容忽视。阴极在工作过程中可能会面临高温环境和机械应力的挑战，因此，高强度和耐高温的材料能够确保阴极在这些恶劣条件下依然保持性能稳定，降低损坏的风险。此外，材料的加工和安装简便性也是影响阴极选择的重要因素。易于加工的材料能够简化生产流程，降低制造成本；安装简便的材料可以节省安装时间，提高生产效率。这些优势在大规模生产和应用中尤为突出，能够为企业带来显著的经济效益。

**3. 环境友好性与成本考虑**

在选择阴极材料的过程中，除了电化学性能外，环境友好性和成本也是不可忽视的重要因素。环境友好性要求我们在选择材料时，必须充分考虑其在生产、使用和回收等全生命周期内对环境的影响。这意味着我们应倾向于选择低污染、易于环保处理的材料，同时倡导采用更加环保、高效的生产工艺，以最大限度地减少对环境的负面影响。此外，材料的可回收再利用性也是一个重要的考量点，它不仅能有效节约资源，还能进一步降低废弃物对环境的压力。与此同时，成本因素同样不容忽视。在选择阴极材料时，我们需要全面评估其性价比，即性能与价格的综合表现。这要求在确保材料性能满足使用需求的前提下，尽可能寻求成本的最优化。

## (二)阴极表面的微观结构设计

### 1. 基础材料选择与准备

选择适合的基础材料作为阴极主体是制造高性能光电阴极的关键步骤。这一选择必须基于材料的导电性、化学稳定性,以及后续加工适应性等多方面考量。良好的导电性是确保阴极能够有效传递光电子的基础,而化学稳定性则关系到阴极在工作环境中的耐久性和可靠性。同时,材料的可加工性也至关重要,它直接影响到阴极的制造成本和工艺复杂度。在众多材料中,金属、合金及特定的半导体材料因其独特的性能优势而被广泛用作阴极材料。金属如铜、铝等,因其优异的导电性和相对低廉的成本而受到青睐;合金则通过结合多种金属的优点,实现了性能的综合提升;而特定的半导体材料如硅、锗等,则在某些特定应用中表现出色,如高温环境或需要高灵敏度探测的场景。

### 2. 微观结构构建

在阴极材料的设计中,基础材料上的微观结构构建是至关重要的环节。这一过程涵盖了多种先进的技术方法,诸如物理气相沉积、化学气相沉积、电化学沉积及纳米压印等。这些方法的运用使得科研人员能够精确控制和塑造阴极表面的微观形貌,进而达到优化其性能的目的。具体而言,构建微观结构的主要目标在于增加阴极的有效表面积,这有助于提升电子的发射和传输效率。同时,通过优化表面的微观结构,还能够改善阴极对特定电化学反应的催化活性,从而提高其整体的电化学性能。在实际应用中,设计人员可能会采用纳米级别的突起、孔洞或阵列结构等创新设计,这些结构在增强阴极性能方面具有显著效果。例如,纳米突起可以增加表面的反应位点，而孔洞和阵列结构则有助于优化电子的传输路径。

### 3. 后续优化处理

在微观结构的初步构建完成之后，为了进一步提升阴极的性能，一系列的后续优化处理是必不可少的环节。这些处理涵盖了热处理、化学修饰及表面涂层等多个方面，每一项都针对阴极表面的物理和化学性质进行精细调整。热处理在这一过程中扮演着重要角色，它能够通过控制材料的加热和冷却过程，有效改善其结晶度和相组成，进而增强材料的结构稳定性和导电性能。化学修饰则是通过引入特定的官能团来赋予阴极更优异的催化活性或选择性，这对于提升阴极在特定化学反应中的表现至关重要。而表面涂层技术的应用，旨在为阴极提供一层额外的保护屏障，这不仅能够抵御外界环境的侵蚀，还能有效延长阴极的使用寿命。这些优化处理相互补充，共同作用于阴极材料，使其在保持原有性能优势的基础上，更加符合特定应用场景下的严苛要求。

## （三）阴极内部结构设计

### 1. 基础结构设计

基础结构设计是阴极内部设计的起点，它涉及阴极主体的整体形状、尺寸及基本构造。这一阶段的设计需要考虑到阴极在工作过程中的受力情况、电解液的流动特性，以及与其他组件的装配关系。设计师需要确保阴极主体具有足够的机械强度和稳定性，能够承受工作过程中的各种负荷。

### 2. 导电与导热设计

导电与导热设计是阴极内部结构设计中的关键环节。阴极材料需要具有良好的导电性，以确保电流在阴极内部的均匀分布和高效传输。同时，在电解过程中会产生热量，阴极材料还需要具备良好的导热性，以便及时将热量传递出去，防止阴极过热而损坏。在这一阶段，设计师需要选择合适的导电材料和导热结构，优化电流和热量的传递路径。

**3. 表面处理与防护设计**

表面处理与防护设计对于提高阴极的耐腐蚀性和使用寿命至关重要。阴极表面需要采用特殊的涂层或处理技术，以增强其抗腐蚀能力，并防止电解液中的有害物质对阴极造成损害。此外，设计师还需要考虑到阴极在工作过程中可能遇到的极端环境条件，如高温、高压等，并采取相应的防护措施来确保阴极的稳定运行。

### （四）阴极与光学系统的耦合设计

**1. 耦合接口设计**

需要设计阴极与光学系统之间的耦合接口。这个接口必须确保阴极发射的电子能够顺利进入光学系统，并且在这个过程中尽量减少能量损失和电子束的发散。接口的设计需要考虑阴极的输出特性、光学系统的输入要求，以及两者之间的匹配问题。例如，可以采用特定的几何形状和电场配置来优化电子的传输效率。

**2. 光学系统适配性调整**

需要对光学系统进行适配性调整，以适应阴极的输出特性。这包括调整光学系统的焦距、孔径和视场等参数，以确保从阴极发射的电子能够在光学系统中得到有效的聚焦和传输。此外，还需要考虑光学系统的像差校正问题，以提高成像质量和分辨率。

### 3. 整体优化与测试

需要对阴极与光学系统的耦合进行整体优化和测试。这包括调整阴极的工作条件(如电压、温度等),以找到最佳的工作点,使得阴极发射的电子能够与光学系统实现最佳的匹配。同时,还需要进行一系列的测试,如电子束的均匀性测试、成像质量的评估等,以确保耦合设计的有效性和可靠性。

## 三、光电阴极结构设计的创新技术

### (一)新型材料应用

在光电阴极结构设计中,新型材料的应用是创新的关键。研究者不断探索具有优异光电性能的新型材料,如碱金属、半导体材料等,以提高光电阴极的量子效率和光谱响应范围。这些新型材料的应用有助于优化阴极的电子发射性能,增强其对不同波长光子的响应能力。

### (二)微纳结构设计

微纳结构设计是光电阴极创新的另一个重要方向。通过设计具有特定微观结构和纳米尺度的阴极表面,可以有效提高阴极的光吸收能力和电子发射效率。例如,利用纳米级粗糙表面增加光子的散射和吸收,或者在阴极表面制造微纳结构以提高电子的逸出概率。这些设计有助于提升光电阴极的整体性能,特别是在弱光条件下。

### (三)界面工程优化

界面工程在光电阴极结构设计中扮演着重要角色。优化光电阴极与其他材料或器件之间的界面结构,可以降低界面电阻和能量损失,提高电子的传输效率。这包括改善阴极与基底、阴极与保护层等界面之间的接触质量和电学性能。通过界面工程的优化,可以进一步提升光电阴极的工作稳定性和可靠性。

### (四)集成化与多功能化

随着技术的发展,光电阴极正朝着集成化和多功能化的方向发展。将光电阴极与其他光电器件或电路集成在一起,可以实现更紧凑的系统设计和更高的性能表现。同时,赋予光电阴极多种功能,如同时实现光电转换和信号处理等,可以拓宽其应用领域并满足更复杂的需求。这些创新技术有助于推动光电阴极在能源、环境监测、医疗等领域的应用发展。

# 第四章　光电阴极特性的测试原理

## 第一节　光电子能量分布与阈频率

### 一、阈频率的定义与意义

#### （一）阈频率的定义

阈频率，是达到某一特定效应或反应所需的最低频率。在物理学和工程学中，这一概念被广泛应用于描述各种系统对频率的响应特性。简单来说，当外界刺激的频率低于这个阈值时，系统可能不会产生明显的反应或效果；而一旦刺激频率达到或超过这个阈值，系统就会开始作出相应的反应。阈频率的存在与系统的内在性质密切相关，它反映了系统对外界刺激敏感度的界限。不同的系统由于其结构和功能的不同，可能具有不同的阈频率。例如，在音频系统中，阈频率可能指的是能够被人耳感知到的最低声音频率；在电子通信系统中，阈频率可能表示信号能够成功传输的最低频率。此外，阈频率的概念也常用于生物学和心理学领域。在生物学中，阈频率可能描述的是生物体对某种刺激产生反应的最低频率，如神经元的放电频率。

#### （二）阈频率的重要性

**1. 系统响应的界定**

阈频率在多个学科领域中具有不可替代的重要性，特别是在界定系统对特定频率刺激的响应方面。无论是物理学中的光电效应、工程学中的信号传输,还是生物学中的神经元放电,阈频率都扮演着关键角色。它实际上设定了一个界限,只有超过这个界限的刺激才能引发系统的明显反应。了解一个系统的阈频率,意味着能够准确判断哪些频率的刺激是有效的,哪些则会被系统所忽视。这种对系统行为的精确预测和控制,对于各种实际应用至关重要。例如,在通信系统中,确保信号频率高于阈频率,可以保障信息的顺利传输;在生物学研究中,了解神经元的阈频率,有助于揭示神经活动的奥秘。

**2. 性能优化与设计指导**

阈频率在设计和优化各类系统中占据着举足轻重的地位。它是指系统能够响应或发生特定变化的最小频率,对于确保系统性能至关重要。工程师或研究人员在深入了解系统的阈频率后,能根据实际需求精准地调整系统参数,从而提升其在特定频率范围内的表现。以音频设计为例,人耳的听觉系统对不同频率的声波具有不同的敏感度,而阈频率正是这一特性的关键指标。工程师通过掌握人耳的阈频率信息,能够更有针对性地优化扬声器的设计,使其在不同频段内呈现出更为均衡且高品质的音质。这种基于阈频率的优化方法,不仅有助于提升音频产品的整体性能,还能为用户带来更加悦耳动听的听觉体验。

**3. 安全与可靠性的保障**

在特定的应用场景中,阈频率的控制显得尤为关键。以电子通信为例,信号的传输频率若超过系统的阈频率,不仅可能导致信息传输的失真,而且可能引发整个通信系统的过载,进而造成通信中断甚至设备损坏。同样,在神经系统刺激中,过高的刺激频率可能会引发神经元的异常放电，从而对神经系统造成不可逆的损伤。因此，在这些场景中，对阈频率有深入的了解并能够进行精确的控制，就显得至关重要。通过科学的方法设定适当的阈频率，不仅可以有效防止系统因过载而引发的各种故障，还能保护系统免受有害刺激的侵扰。

## 二、光电子能量分布与阈频率的关系

### （一）光电子能量分布与阈频率的理论关系

#### 1. 阈频率由光电子产生

阈频率在物理学中，特别是在光电效应的研究中，具有极其重要的意义。它代表能够触发特定物理效应的最低频率界限，对于光电效应而言，这个界限就是金属表面电子被激发并逃逸出来的临界点。换言之，只有当照射在金属表面的光波频率达到或超过这个特定的阈值时，金属内部的电子才能吸收到足够的能量，以挣脱金属原子的束缚，最终逃逸到金属外部成为自由的光电子。这一过程揭示了光与物质相互作用的一种基本机制，即光的频率与物质的电子结构之间存在着密切的联系。阈频率不仅决定了光电子能否产生，而且在根本上影响着光电器件的工作性能和效率。

#### 2. 光电子能量与入射光频率的关系

爱因斯坦的光电效应方程揭示了光电子最大初动能与入射光频率及金属逸出功之间的深刻关系。根据该方程，光电子的最大初动能与入射光的频率成正比，意味着随着入射光频率的增加，光电子能够获得的能量也相应提升。这一现象的根源在于，高频光子携带的能量更为丰富，当这些光子被金属内的电子吸收时，电子能够获取更多的能量,进而转化为更大的动能。然而,这一过程并非无限制,它受到金属逸出功的制约,逸出功越大,电子逃逸出金属表面所需的能量就越高,因此光电子的最大初动能会相应减小。值得注意的是,当入射光的频率低于某一特定值,即阈频率时,电子将无法从光子中吸收到足够的能量来克服金属的束缚,因而无法逃逸出金属表面,此时便不会发生光电效应。

#### 3. 光电子能量分布的特点

光电子的能量分布揭示了光与物质相互作用过程中的深层次机制。在相同频率的入射光照射下,金属内部的电子状态各异,与光子的相互作用也充满随机性。因此,当电子吸收光子后,它们所获得的能量并非一致,而是呈现出多样化的分布。这种能量分布表现为一个连续的能谱,其中高能量的光电子数量较少,而低能量的光电子则相对更为普遍。这种特点不仅体现了光电子产生过程的复杂性,也展示了光与物质相互作用时的多样性。深入研究光电子的能量分布,有助于更全面地理解光电效应的内在机制,为光电器件的设计和性能优化提供更为精准的理论指导。

### (二)光电子能量分布与阈频率的实验研究

#### 1. 光电子能量分布的实验测定

利用光电效应实验装置,可以系统地探究光电子的能量分布。该装置能够发射不同频率的光子,并精准测量由此激发出的光电子的动能。实验中,能量分析器扮演了关键角色,它能够高效地检测光电子的能量,并详细记录其分布情况。通过这一装置,研究人员可以观察到在不同频率入射光的照射下,光电子能量分布的变化情况。这些实验数据不仅揭示了光子与物质相互作用的复杂机制，还为验证和完善相关理论提供了有力的实验支撑。通过对比分析不同频率入射光下的光电子能量分布，科学家可以更加深入地理解光电效应的内在规律，探索光电子产生的条件和影响因素。这一研究不仅有助于推动光电子学领域的发展，还为开发新型光电材料和器件提供了重要的理论依据和实验指导。

#### 2. 阈频率的确定与分析

在实验探究光电效应的过程中，确定阈频率是一个核心任务。这个参数代表着能够触发光电效应的最低光子频率，是理解该现象基础原理的关键。通过实验手段，逐步调整入射光的频率，并细致地观察光电子的产生情况，可以精准地测定出这一重要参数。阈频率的确定不仅深化了对光电效应本质的认识，还为评估材料的逸出功等物理特性提供了依据。此外，深入分析在阈频率附近的光电子能量分布特征，能够揭示出光电转换效率等实际应用方面的宝贵信息，为光电器件的设计与优化提供了有力的数据支持。

### （三）光电子能量分布与阈频率的实际应用

#### 1. 光电效应在光电器件中的应用

光电子能量分布与阈频率的紧密关系是光电效应理论的基石，这一理论对于光电器件的设计与制造具有直接的指导意义。以光电二极管为例，这种器件巧妙地利用光电效应，实现了光信号向电信号的转换。在光电二极管内部，只有当入射光的频率超越材料的阈频率时，光子才能有效地激发出光电子，进而产生光电流。在此过程中，光电子的能量分布状况对光电流的特性，包括其大小和稳定性，起着决定性的影响。因此，若想提升光电器件的性能，深入探究光电子能量分布与阈频率的内在联系显得尤为重要。

这种理解不仅能够帮助我们精准地调控光电器件的工作状态,更可以为新型高性能光电器件的开发提供有力的理论支撑和实践指导。

**2. 光电子能谱分析在材料科学中的应用**

光电子能谱技术是基于光电效应的重要分析手段,它通过精确测量材料在受到特定频率光激发时产生的光电子的能量分布,进而深入揭示材料的电子结构和化学性质。在材料科学的研究中,光电子能谱的应用极为广泛,它不仅能够探究材料的表面特性,如表面组成、化学状态等,还能深入分析材料的内部电子结构,如电子态密度和能带结构。阈频率在这一技术中扮演着举足轻重的角色,它是决定能否激发材料表面电子的最小光子能量的关键因素。准确确定阈频率对于精确解读光电子能谱数据、理解材料的光电性质,以及优化材料性能都具有十分重要的意义。

**3. 光电效应在能源转换领域的应用**

光电效应在能源转换领域的应用价值不容忽视。以太阳能电池为例,其工作原理正是基于光电效应实现太阳能向电能转换的目标。由于太阳光包含多种频率的光子,仅当光子频率高于电池材料的阈频率时,方能激发出光电子并产生电流。因此,深入探究光电子能量分布与阈频率之间的关系,对于提升太阳能电池的光电转换效率具有举足轻重的意义。此外,在光催化、光电化学等前沿领域,光电效应同样展现出其独特魅力。在这些应用中,光电子的能量分布与阈频率的理论关系为科研人员提供了宝贵的理论基础和实践指导,有助于他们更精准地调控光与物质的相互作用,进而优化反应过程、提高能量转换效率。

# 第二节 光电阴极的光谱响应

## 一、光谱响应的概念

光谱响应指光阴极量子效率与入射波长之间的关系,用以表示太阳电池对不同波长入射光能转换成电能的能力,其单位为安培/瓦(A/W)。光谱响应特性主要取决于光电阴极材料,不同光电阴极材料,对同一种波长的光有不同的响应率;同一种光电阴极材料,对不同波长的光具有不同的响应率。

太阳电池的光谱响应特性与光源的辐射光谱特性相匹配是非常重要的,因为这样可以更充分地利用太阳光,同时可以提高太阳电池的光电转换效率。图 4-1 所示为太阳电池归一化光谱响应。

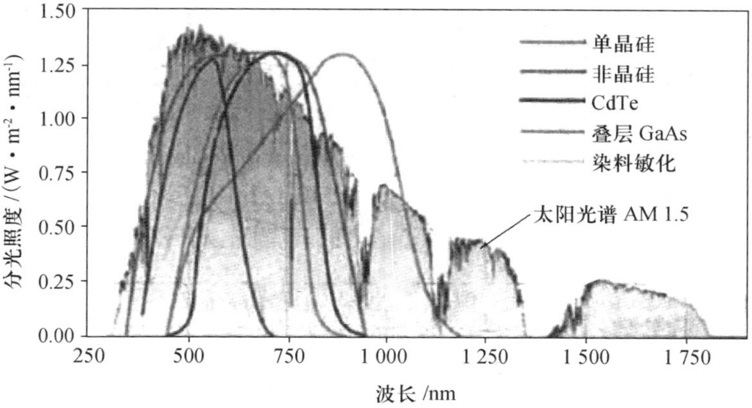


图 4-1 太阳电池归一化光谱响应

太阳电池的光谱响应分为绝对光谱响应和相对光谱响应。

## 二、绝对光谱响应与相对光谱响应

太阳电池的绝对光谱响应:各种波长的单位辐射光能或对应的光子入射到太阳电池上,将产生不同的短路电流,按波长的分布求得其对应的短路电流变化曲线。太阳电池的绝对光谱响应是一个可以直接测量的量,其定义为单位辐照下的短路电流密度,如图4-2所示。

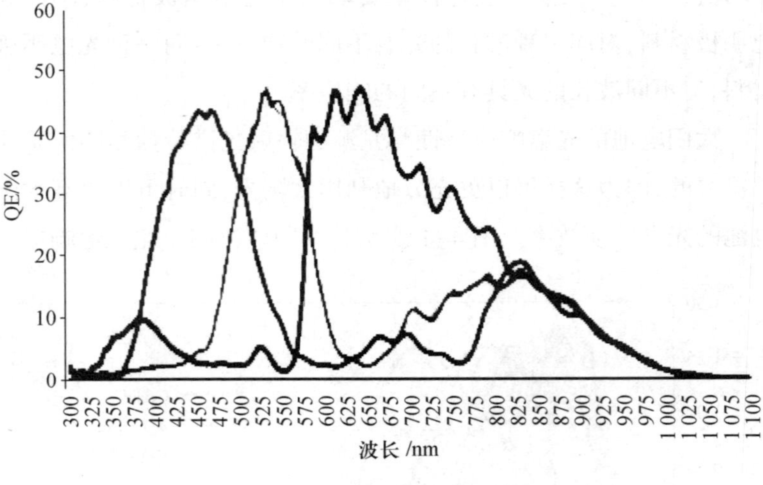


图 4-2　绝对光谱响应曲线

太阳电池的相对光谱响应:如果每一波长以一定等量的辐射光能或等光子数入射到太阳电池上,所产生的短路电流与光谱范围内最大的短路电流比较,即将各波长的短路电流以最大短路电流为基准进行归一化,按波长的分布求得的比值变化曲线。

在测试时,常用光谱响应已知的太阳电池作参比电池,用待测太阳电池的短路电流与参比电池的短路电流相比,从而来计算待测太阳电池的光谱响应。

## 三、参比数据

由于光谱响应标志的可变性，遥感中经常会使用某种形式的参比数据。获取参比数据就是收集遥感待测目标、区域或现象的某些量测值或观测值，这些数据可以从一个来源或数个来源取得。参比数据也可包括各种不同地面物体特征的温度及其他物理或化学特性的野外量测数据。

参比数据可用于下述任一用途或全部用途：①帮助遥感数据的分析和解译；②校准传感器；③验证遥感数据所提取的信息。因此，参比数据的收集通常必须符合统计采样设计的原则。

我们经常用地面实况这一术语来统称参比数据。所谓地面实况，不能从它的字眼上去理解，因为有许多参比数据并不是从地面收集的，而只能逼近于实际地面状况。例如，“地面”实况有关数据可以从空中取得，在分析小比例尺的高空或卫星影像时，就可利用较详细的航空影像作为参比数据。再者，如果研究的是水文要素，那么“地面”实况实际上就是指“冰域”的实况。

由上面可以看出，虽然理论上讲，遥感影像上的光谱响应曲线与利用地面光谱仪测出的标准地物光谱曲线应该一致，同时相同地物应该表现出相同的光谱特性。但由于地物成分和结构的多变性、地物所处环境的复杂性，以及遥感成像中受传感器本身和大气状况的影响，使得影像上的地物光谱响应呈现多重复杂的变化，在不同的时空会显示出不同的特点。因此，在影像解译中，深入了解影像光谱特征是十分必要的。

根据光谱响应与参比数据，我们可以建立地理单元与遥感信息单元之间的联系。

例如,地-空电波环境是由自然介质构成的电波传播路径。由于地-空电波环境的存在,电波在到达地面前和地面微波遥感信息返回星载遥感器的过程中将受到空间环境效应复杂的影响。在星载遥感中,传感器如合成孔径雷达与地表目标间的电离层和对流层是遥感信息传播的空间环境,合成孔径雷达信号除了与地面实况参数、雷达参数和卫星参数有关外,也受到空间环境变化的影响,如相位失真、极化旋转、电波损耗和大气折射、闪烁现象。例如,电离层电子浓度和对流层中折射指数随高度的变化使电波射线弯曲,并随季节、昼夜、地理位置、俯仰角和天气条件等变化而变化,要根据实际参数进行俯仰角和传播距离修正,这对辐射、几何定标和对目标的精确识别定位十分重要。另外,遥感信息在电离层和对流层中传播时,由于较小尺度的介质的不均匀性或不规则性及随时间变化的特性,会引起信号振幅与相位、到达角和极化状态快速随机起伏的闪烁现象,从而影响成像质量和数据精度。大气环境和电离层变化也具有一定的规律性,如日变化和季节变化呈现某种周期性及具有地理位置的相关性。

若要正确解译遥感数据,必须透彻地了解遥感研究对象的地学属性(空间分布、波谱反射与辐射特征及时相变化)和由于时间、地理位置变化而引起的光谱响应的变化(即光谱响应的时间效应与空间效应),并把它们与遥感信息本身的物理属性(空间分辨率、波谱和辐射分辨率、时间分辨率)对应起来,才能取得较好的分析效果,如表 4-1 所示。

表 4-1　地球资源观测的遥感参数

| | 空间分辨率/m | | 间隔时间/日 | 覆盖面积/$km^2$ | 遥感器波段数 | 数据速率/(字位/日) | |
|---|---|---|---|---|---|---|---|
| | 详测 | 勘测 | | | | 最小 | 最大 |
| 农业 | 10~30 | 30~100 | 7~21 | $3\times10^6$ | 12 | $2\times10^{10}$ | $5\times10^{11}$ |
| 测绘 | 3~20 | 20~200 | 1 825 | $9\times10^6$ | 3 | $3\times10^8$ | $2\times10^{10}$ |
| 森林 | 10~50 | 50~200 | 7~30 | $3\times10^6$ | 8 | $3\times10^9$ | $3\times10^{11}$ |
| 地理 | 6~30 | 6~100 | 365 | $9\times10^6$ | 3 | $1\times10^9$ | $3\times10^{10}$ |
| 地质 | 6~10 | 30~200 | 365 | $2\times10^6$ | 4 | $2\times10^8$ | $6\times10^{10}$ |
| 水文 | 3~100 | 50~250 | 10~20 | $1\times10^6$ | 4 | $2\times10^8$ | $4\times10^{11}$ |
| 气象 | 1 000~2 000 | 1 000~4 000 | 0. 25~1. 0 | $30\times10^6$ | 2 | $1\times10^8$ | $2\times10^9$ |
| 海洋 | 20~300 | 200~1 000 | 14~30 | $15\times10^6$ | 4 | $1\times10^8$ | $1\times10^{11}$ |

## 四、光电阴极光谱响应的测量方法

### (一)实验准备

在进行光电阴极光谱响应测量之前,充分的实验准备是不可或缺的环节。这涉及多个方面的考量与准备,其中选择适当的光电阴极材料是至关重要的一步,因为不同材料具有独特的光电特性,直接影响测量的准确性和有效性。同时,设计合理的实验装置也是确保测量过程顺利进行的关键,它需要考虑光源的稳定性、光路的精确性及光电阴极的固定方式等诸多因素。除此之外,准备必要的测试设备和仪器也是实验准备中的重要一环,这些设备和仪器的性能与精度将直接影响到测量结果的可靠性。

### (二)光谱响应测试原理

光谱响应测试是深入探究光电阴极性能的重要手段,其核心原理在于光电效应。在这一过程中,入射光携带的光子与光电阴极材料中的电子相遇,发生能量交换。当光子的能量足够大时,它能够将电子从阴极材料的束缚态中解放出来,使其成为自由电子并逸出阴极表面。这些逸出的电子在外部电路中流动,便形成了可观测的光电流。为了全面了解光电阴极对不同波长光的响应特性,实验者需要测量在不同波长入射光照射下的光电流大小。通过系统地改变入射光的波长,并记录相应波长下的光电流值,可以绘制出光电阴极的光谱响应曲线。

### (三)具体测量步骤

1. 选择合适的单色光源,并确保其能够输出连续且稳定的单色光。

2. 将单色光照射到光电阴极上,并通过光电流放大器对产生的光电流进行放大。

3. 使用数据采集系统记录放大后的光电流信号,并将其转换为数字信号进行处理和分析。

4. 依次改变单色光的波长,并重复上述测量步骤,以获得光电阴极在不同波长下的光谱响应数据。

5. 对测量数据进行处理和分析,绘制出光电阴极的光谱响应曲线。

### (四)数据分析与解读

在完成测量后,需要对获得的光谱响应数据进行深入的分析和解读。这包括确定光电阴极的敏感波长范围、找出光谱响应的峰值和谷值、评估阴极材料的光电转换效率等。通过数据分析，可以进一步了解光电阴极的性能特点，并为其在实际应用中的优化和改进提供有价值的参考信息。同时，还可以将实验结果与相关理论进行对比和验证，以推动光电阴极技术的不断发展。

## 五、光电阴极光谱响应的分类

### （一）绝对光谱响应

绝对光谱响应是描述探测器对不同波长光的敏感程度的一个关键参数。它具体指的是在特定条件下，探测器对某一单色光辐射所产生的输出信号与该单色光辐射的入射功率之比。这一特性对于评估探测器的性能至关重要，因为它直接关系到探测器能够准确捕捉和转换光信号的能力。绝对光谱响应的测量通常需要在严格控制的环境条件下进行，以确保测量结果的准确性和可靠性。

绝对光谱响应是评估光电阴极性能的关键指标，它具体指在某一特定波长的光照射下，每个光子平均能激发出的光电子数量。该参数不仅揭示了光电阴极对不同波长入射光的光电转换能力，还为优化光电系统提供了重要依据。其单位为安培/瓦，这一单位直接关联了光电流与入射光功率，从而直观反映了光电转换的效率。通过精确测量绝对光谱响应，科研人员和工程师能够深入了解光电阴极在特定波长下的工作状态。例如，在太阳能电池、光电二极管等光电器件的研发过程中，绝对光谱响应的测量是不可或缺的环节。它帮助确定哪些波长的光更容易被光电阴极吸收并转换为电能，进而指导材料选择和设计优化。

### (二)相对光谱响应

相对光谱响应是描述探测器在不同波长光照射下,其响应能力相对于某一参考波长或参考条件下的响应强度的比值关系。这一参数对于理解和比较探测器在不同光谱范围内的灵敏度具有重要意义。相对光谱响应通常通过归一化处理得到,即选取某一特定波长下的响应作为基准,将其他波长下的响应与之相比,从而得到一系列相对值。这些相对值能够直观地反映出探测器在不同光谱区域的响应变化,有助于我们根据实际应用需求,选择合适的探测器类型和参数。相对光谱响应的测量和分析,对于优化光谱检测系统的性能、提高测量精度和可靠性具有重要意义。

### (三)量子效率

量子效率,作为衡量光电阴极性能的关键指标,揭示了光电阴极在吸收光子并产生光电子过程中的效率。具体来说,它表示每一入射光子所能激发出的光电子的概率,这一概率的高低直接决定了光电阴极将光能转换为电能的能力。在光电转换过程中,高量子效率意味着光电阴极能够更为有效地利用入射光,使得更多的光子被吸收并转化为光电子,进而提高光电转换的整体效率。量子效率与光谱响应之间存在着紧密的联系,光谱响应描述了光电阴极对不同波长光的响应程度,而量子效率则进一步量化了这种响应的效率。

### (四)光谱响应范围

光谱响应范围是光电阴极性能的关键特征之一,它定义了光电阴极能够有效响应的波长区间。不同类型的光电阴极,由于其材料和结构设计的差异，展现出各自独特的光谱响应范围。例如，有些光电阴极特别敏感于可见光波段，能够高效地将这一波段的光转换为电信号，适用于诸如光电显示、图像传感等应用。而其他类型的光电阴极则可能对紫外或红外波段更为敏感，这使得它们在日盲探测、夜视仪等领域具有显著优势。掌握光电阴极的光谱响应范围，对于满足特定应用需求至关重要。它不仅能够指导我们在众多光电阴极类型中做出明智的选择，还能够助力优化光电系统的整体性能。通过匹配光源的波长分布与光电阴极的光谱响应范围，可以最大化光电信号的转换效率，从而提升系统的信噪比和动态范围。

## 第三节　光电阴极的积分灵敏度

### 一、光电阴极积分灵敏度的影响因素

#### （一）阴极材料

阴极材料在决定光电阴极积分灵敏度中扮演着举足轻重的角色。由于不同材料独特的能带结构和光电转换效率，它们对光的吸收能力和光电子的发射效率各不相同。这种材料间的差异性，直接反映在光电阴极的性能上，特别是其积分灵敏度这一关键指标。具体而言，材料的能带结构决定了其能够吸收的光子能量范围，进而影响光电转换的起始波长。而光电转换效率则直接关系到光电子的产生概率，即每吸收一个光子能够发射出光电子的可能性。因此，一个具有高光电转换效率的材料，能够在相同光照条件下产生更大的光电流，从而提高光电阴极的积分灵敏度。为了

获得优良的光电阴极性能,特别是高积分灵敏度,选择合适的阴极材料显得尤为重要。这不仅需要对各种材料的物理和化学性质有深入的了解,还需要结合具体的应用需求和工作环境进行综合考量。

### (二)光照强度

光照强度是影响光电阴极积分灵敏度的重要因素之一。随着光照强度的增加,阴极表面吸收的光子数量增多,进而激发出更多的光电子,使得产生的光电流随之增大。这种光照强度与光电流之间的正相关关系在光电阴极的工作过程中起着至关重要的作用。为了确保测量和应用过程中获得准确的积分灵敏度值,必须保持稳定且适当的光照强度。过弱的光照强度可能导致阴极吸收的光子数不足,产生的光电流过小,从而增加测量误差;而过强的光照强度则可能引发阴极材料的饱和效应或损伤,同样会影响积分灵敏度的准确性。因此,在进行光电阴极积分灵敏度的测量和应用时,需要精心调控光源的输出功率,确保光照强度在阴极材料的线性响应范围内,并保持稳定。同时,还应选择合适的测量仪器和方法,以减小测量误差,提高数据的可靠性。

### (三)光子能量

光子能量对光电阴极积分灵敏度的影响不容忽视。光子能量越高,意味着携带的能量越大,这使得高能量的光子更容易被阴极材料所吸收。一旦光子被吸收,其能量会转化为电子的动能,从而激发出光电子。因此,高能量的光子往往能够更有效地激发出光电子,进而提高光电转换的效率。在选择光源时,必须仔细考虑其发射的光子能量与所选阴极材料的匹配程度。如果光源发射的光子能量过低，可能无法被阴极材料有效吸收，导致光电转换效率低下。反之，如果光子能量过高，虽然容易被吸收，但也可能造成能量的浪费，甚至对阴极材料造成损伤。因此，理想的光源应该能够发射与阴极材料吸收边相匹配的光子能量，以实现最佳的光电转换效率和积分灵敏度。

### （四）温度

温度是影响光电阴极性能和积分灵敏度的关键因素之一。随着环境温度的上升，光电阴极材料的能级结构可能发生改变，载流子的寿命也可能受到影响。这些微观层面的变化会进一步体现在宏观的光电性能上，导致光谱响应范围和强度的变化，进而影响积分灵敏度的准确性。在高温环境下，光电阴极可能因热激发而产生额外的暗电流，这会干扰正常光电流的测量，降低信噪比。同时，材料内部的热应力也可能导致阴极结构的微小变化，进而影响其光电转换效率。为了确保光电阴极在实际应用中的稳定性和可靠性，必须对其工作温度进行严格控制。这通常涉及选择合适的散热方案、设计有效的温控系统，以及在必要时采取适当的材料改性措施。

### （五）入射光角度与表面状态

入射光与光电阴极表面之间的角度是一个重要的影响因素，它直接关系到光在阴极材料上的吸收和反射情况。当入射角度变化时，光线在阴极表面上的分布和穿透深度也会随之改变，这直接影响到能够被材料吸收并转化为光电流的光子数量。因此，在设计和应用光电阴极时，必须仔细考虑并优化入射光的角度，以确保最大限度地提高光的吸收效率和光电流产生的光子数量。此外，阴极表面的状态同样对积分灵敏度产生显著影响。表面的粗糙度、清洁度等特性直接关系到光线在材料上的散射、吸收和反射行为。如果阴极表面存在污染、损伤或不平整,这些不利因素将增加光的反射和散射,减少有效吸收,从而降低光电转换效率和积分灵敏度。因此,保持阴极表面的清洁、光滑和完好状态至关重要。这需要通过采用适当的清洁工艺、避免表面损伤,以及优化材料制备过程来实现。

## 二、光电阴极积分灵敏度的优化方法

### (一)选择合适的光电阴极材料

光电阴极材料的选择在决定积分灵敏度方面起着至关重要的作用。由于不同材料具有独特的能带结构、光电转换效率和光谱响应特性,这些特性直接决定了阴极对光的吸收能力和光电子的发射效率。因此,在选择光电阴极材料时,必须全面考虑其各项性能指标。量子效率是衡量光电阴极性能的关键指标之一,它表示每一入射光子能够激发出光电子的概率。高量子效率意味着更多的光子能够被有效转换,从而产生更大的光电流,进而提高积分灵敏度。同时,暗电流也是一个不可忽视的因素,它代表了在没有光照的情况下仍然存在的电流。低暗电流有助于减少噪声干扰,提高信噪比,从而进一步提升积分灵敏度的准确性。此外,与应用需求相匹配的光谱响应范围也是选择光电阴极材料时需要考虑的重要因素。不同的应用场景可能对特定波长的光线更为敏感,因此,选择具有合适光谱响应特性的材料至关重要。

### (二)优化光电阴极结构

光电阴极的结构设计在提升积分灵敏度方面扮演着举足轻重的角色。优化阴极表面的微观结构,诸如增加表面积以减少反射损失,能够显著提高光子被吸收的概率,进而提高光电子的发射效率。此外,采用多层结构设计及梯度掺杂等先进技术,可以进一步精细化调控光电阴极内部的电场分布和载流子传输特性。这些措施不仅有助于降低光电子在阴极内部传输过程中的损耗,还能优化光电子的发射角和能量分布,从而更全面地提升光电阴极的性能。通过这些结构上的优化和创新,光电阴极的积分灵敏度得以显著提升,实现了更高效的光电转换。这不仅为光电探测、成像以及能源转换等领域的应用提供了性能更为卓越的光电器件,同时也推动了光电技术整体的进步与发展。

### (三)改进光电转换过程

光电转换过程的优化在提升积分灵敏度方面扮演着举足轻重的角色。这一优化涵盖了光子吸收机制的改进、光电子激发效率的提升,以及光电子收集和传输流程的精进。举例而言,为了增加光子在阴极材料中的有效穿行距离并进而提高吸收率,可以采纳诸如增透膜、反射镜等先进技术。这些技术的引入使得更多的光子能够被阴极材料所捕获,进而转化为光电子,为光电流的增强奠定了基础。不仅如此,对阴极材料的电子结构和传输特性进行优化同样至关重要。通过调整材料的内部构造,可以减少光电子在传输过程中所遭遇的阻碍,进而降低损耗率。这种优化不仅有助于提升光电子的收集效率,还能够确保更多的光电子能够顺利到达收集电极,从而贡献于积分灵敏度的提升。

### (四)控制环境因素和采用辅助技术

在优化光电阴极积分灵敏度的过程中,控制环境因素和采用辅助技术同样占据重要地位。举例而言,通过降低环境温度,可以有效减少热噪声的干扰,进而提升信噪比,使得光电信号更为清晰可辨。同时,光学滤波技术的引入能够去除杂散光,确保照射到光电阴极上的光线具有更高的光谱纯度,从而提升光电转换的精准度。此外,借助外电场或磁场等辅助手段,可以精确调控光电子的运动轨迹,提高其被收集的效率。这些措施在复杂多变的环境下尤为关键,它们能够确保光电阴极在各种条件下均能保持稳定性和高性能,从而实现积分灵敏度的优化提升。

# 第五章　电子发射与光电阴极的实验技术

## 第一节　电子发射实验技术

### 一、电子发射的原理

#### (一)电子发射的定义

电子发射,是指电子从物体内部逸出到其周围媒质(如真空或气体)中的现象。这一过程涉及电子克服物体表面的势垒,从物质内部转移到外部空间。在常态下,物体内的电子所具有的能量通常不足以使其自发逸出,因此需要给予额外的能量来激发这一过程,这种能量可以是热能、光能、电能或其他形式的能量。电子发射的方式多种多样,其中最为人们熟知的有热电子发射、光电子发射、次级电子发射和场致电子发射。热电子发射是通过加热物体,增加其内部电子的能量,使部分电子获得足够的动能以逸出物体表面。光电子发射,又称外光电效应,是指电子在吸收光子的能量后从物体表面逸出的现象。次级电子发射则是由于高能电子撞击物体表面,激发出物体内部的电子使其成为自由电子的过程。而场致电子发射则是在强电场的作用下,电子隧穿或通过降低的势垒从物体表面逸出的现象。

### (二)电子发射的机制

**1. 热电子发射**

热电子发射是指物体在受热后,其内部的电子获得足够的能量以克服表面势垒,从而逸出物体表面的现象。这种发射方式主要依赖于物体的温度,温度越高,电子获得足够能量的概率就越大,因此发射的电子数量也就越多。热电子发射是许多电子设备,如真空管、热电子枪等的基础工作原理。

**2. 光电子发射**

光电子发射,也被称为光电效应,是指光照射到物体表面时,物体吸收光能并将其转化为电子的动能,使得电子能够逸出物体表面的现象。这种发射方式依赖于光的波长和强度,以及物体的光电性质。当光的波长小于某一特定值时(即光子能量大于电子的逸出功),电子才能被成功发射。光电子发射在光电转换器、光电倍增管等设备中有着重要的应用。

**3. 次级电子发射**

次级电子发射是指当高速电子或离子轰击物体表面时,物体表面的电子被激发出来并逸出的现象。这种发射方式主要依赖于轰击粒子的能量和入射角度,以及物体表面的性质。次级电子发射在粒子加速器、电子显微镜等设备中有着重要的应用,同时也是一些真空电子设备中电子倍增过程的基础。

### (三)电子发射的分类

**1. 按激发方式分类**

电子发射根据电子如何获得外加能量来进行分类,即电子的受激发方式,这是电子发射最为基础的分类方法。具体而言,热电子发射是通过加热发射体来增加内部电子能量,使电子逸出;光电子发射则是电子通过吸收光子能量而逸出,也称外光电效应;次级电子发射则是高能电子或离子轰击物体表面激发出次级电子;场致电子发射则是在强电场作用下电子的逸出。这四种方式是电子发射源激发方式的主要分类。

**2. 按发射体材料分类**

除了激发方式,电子发射还与发射体的材料密切相关。不同材料有着不同的电子结构和表面特性,直接影响着电子的发射性能。金属材料、半导体材料和某些特殊的复合材料,如氧化物等,都可以作为电子发射的阴极材料。金属阴极因其稳定的物理和化学性质被广泛应用;半导体阴极则因其可调控的导电性质在某些特定应用中表现出色;而复合材料阴极则结合了多种材料的优点,具有更高的发射效率和稳定性。这种分类方式有助于针对不同应用场景选择合适的发射体材料。

**3. 按应用领域分类**

电子发射技术在多个领域都有广泛应用,因此也可以按照其应用领域进行分类。在真空电子技术中,电子发射被用于产生电子束,进而控制电子管的电流和电压;在粒子加速器中,电子发射则是产生高能粒子束的基础;在电子显微镜中,电子发射被用来产生电子探针,实现对微小物体的成像。此外,在光电子器件、太阳能电池等领域,电子发射也扮演着重要角色。这种分类方式有助于我们更好地理解电子发射技术在不同领域中的具体应用和价值。

## 二、电子发射实验技术的过程

### （一）电子激发与能量吸收

在电子发射实验的初始阶段，主要关注的是如何激发物质中的电子并使其获得足够的能量。这通常通过加热、光照或其他外部能量源来实现。例如，在热电子发射中，通过加热发射体使其内部电子能量增加；在光电子发射中，则利用光子的能量来激发电子。这一阶段的关键是确保电子能够吸收到足够的能量，以克服物质表面的势垒，从而为后续的发射过程做好准备。

### （二）电子运输与表面逸出

在电子获得足够能量后，它们开始向物质表面运动。在这一过程中，电子可能会与其他电子、原子或晶格发生碰撞，导致能量的损失。然而，仍有一部分电子能够保持足够的能量到达物质表面，到达表面后，电子还需要克服表面势垒才能逸出。这一阶段主要研究电子在固体内的输运过程及它们如何有效地逸出表面。

### （三）电子发射的检测与分析

最后一个阶段是检测和分析已经逸出表面的电子。这通常通过使用特定的电子检测器来完成，如电子倍增管、法拉第杯等。检测到的电子信号可以被转换为电流或电压信号，进而被记录和分析。这一阶段的目标是准确测量电子发射的强度和能量分布，从而深入了解电子发射的机制和特性。同时，这一阶段也为优化电子发射材料和器件设计提供了重要的实验依据。

## 三、电子发射实验技术的方法与设备

### (一)电子发射实验技术的方法

电子发射实验技术的方法是研究电子从物质内部逸出到外部空间的重要手段。该技术主要基于不同的激发方式,如热激发、光激发、次级激发和场致激发等,通过精确控制实验条件来观测和分析电子的发射行为。在实验中,常用的设备包括电子枪、真空室、电子检测器和数据记录系统等。电子枪用于产生和加速电子束;真空室则提供必要的实验环境,确保电子在无干扰的条件下运动;电子检测器则用于捕捉和测量发射出的电子,将其转换为可记录的电信号;数据记录系统则负责采集、存储和分析实验数据。在实验过程中,需要精确控制各种参数,如加热温度、光照强度、电场强度等,以研究它们对电子发射的影响。同时,还需要对实验材料进行精心选择和制备,以确保其表面状态和电子结构满足实验要求。通过这些实验方法,科学家们能够深入了解电子发射的微观机制和宏观表现,为相关领域的科技创新提供有力支持。例如,在真空电子技术、粒子加速器、电子显微镜等领域,电子发射实验技术都发挥着不可或缺的作用,推动着相关技术的不断进步和发展。

### (二)电子发射实验所需的设备

电子发射实验所需的设备主要包括电子发射源、真空系统、电源与控制系统、检测系统及辅助设备。电子发射源是实验的核心部分,根据不同的实验需求,可以选择不同类型的电子发射源,如热电子发射源、光电子发射源等。真空系统则是为了确保电子在发射和运动过程中不受空气分子的干扰,通常由真空室、真空泵及真空计等组成。电源与控制系统用于为电子发射源提供稳定的电源,并实现对发射电流、电压等参数的精确控制,以确保实验的可重复性和准确性。检测系统则包括电子探测器、信号放大器、数据采集与处理设备,用于实时检测并记录电子的发射情况,如发射电子的能量分布、发射角度等。此外,根据具体的实验需求,还可能需要一些辅助设备,如加热装置、冷却装置、磁场与电场调节装置等。这些设备在实验中起到重要的辅助作用,如加热装置可以为热电子发射源提供所需的高温环境,而磁场与电场调节装置则可以用于研究电子在不同电磁场环境下的发射特性。

### (三)电子发射实验技术的操作步骤

#### 1. 实验准备与材料选择

在实验开始之前,充分的准备工作至关重要。选择适当的发射材料是实验成功的关键一步,这些材料往往具备较低的逸出功,从而有利于电子的顺利发射。逸出功低意味着电子在材料表面所需克服的能量障碍较小,更容易被外部能量激发并逸出。因此,对发射材料的仔细挑选和评估不容忽视。同时,对实验设备的全面检查和校准也必不可少,包括确保真空室的密封性能良好,电子枪和检测器的精度、灵敏度达到要求,以及数据记录系统的稳定性和准确性。只有设备处于最佳工作状态,才能提供可靠的实验条件和准确的数据记录。此外,实验所需的辅助材料和工具同样重要。真空泵用于抽取真空室内的气体,以创造电子运动的无干扰环境;电源则为实验提供稳定的电能供应;而测量仪器则用于精确测量和记录实验过程中的各种参数,如电流、电压和电子能量等。辅助材料和工具的准备直接关系到实验的进行和数据的可靠性。

### 2. 实验装置搭建与真空环境建立

实验装置的搭建是电子发射实验的关键环节，它要求精确地将选定的发射材料安置在电子枪或专门的发射装置中。这一步骤的准确性直接影响到后续实验结果的可靠性。同时，发射装置与检测器、数据记录系统之间的连接也至关重要，必须确保所有设备之间的接口对接紧密、信号传输畅通无阻。为了模拟电子在真实环境中的运动情况，实验室内必须建立起高真空环境。这是因为空气分子会对电子的运动产生干扰，影响实验结果的准确性。因此，在实验装置搭建过程中，需要利用真空系统抽出实验室内的空气，使室内压强降低到接近真空状态。同时，还要对真空系统进行严密的监测和调控，以确保在实验过程中能够持续保持所需的高真空环境。实验装置的搭建不仅考验实验者的细致与耐心，更要求其对实验原理和设备性能有深入的了解。

### 3. 电子激发与发射过程控制

实验装置搭建完成后，随即进入电子的激发与发射操作阶段。这一阶段的核心在于对发射材料精准地施加能量，常用的方法包括加热、光照或施加电场等，旨在从材料内部激发出电子。在施加能量的过程中，控制所施加能量的大小和时间至关重要，这直接关系到电子发射的稳定性和连续性。过大的能量可能导致材料损伤，而过小的能量则可能无法有效激发出电子。因此，实验者需根据材料的特性和实验需求，精确调控能量的施加。与此同时，对发射出的电子进行实时监测和记录也是不可或缺的一环。这通常通过特定的检测器来实现，如电子倍增管或法拉第杯等，它们能够捕捉到逸出的电子并将其转换为可测量的电信号。这些电信号随后被数据记录系统所采集和存储，以供后续的数据分析之用。实时监测不仅有助于实验者及时了解电子发射的情况,还能为实验过程中的调整和优化提供有利的依据。

**4. 数据采集、分析与实验总结**

数据的采集、分析与实验总结是电子发射实验的收尾环节,也是实验成果形成的关键步骤。在这一环节中,实验者需要对实验过程中获得的大量数据进行系统的整理,这包括电子发射的电流密度、能量分布、发射角度等各项关键指标。通过运用统计学方法和数据分析软件,可以深入剖析这些数据背后隐藏的规律,进而揭示出电子发射的微观机制和影响因素。同时,对实验过程的全面回顾与总结也必不可少。这包括评估实验设计的合理性、实验操作的规范性及实验数据的可靠性等方面。通过总结,实验者不仅能够发现本次实验中可能存在的问题和不足之处,还能为后续的实验改进提供宝贵的经验和建议。此外,对实验结果的准确解读和合理推论也是总结环节的重要内容,这有助于将实验结果上升到理论高度,为电子发射技术的进一步发展提供科学的指导。

## 第二节　光电阴极性能测试技术

### 一、测试准备

#### (一)明确测试目标与要求

在测试准备阶段,明确测试的具体目标和要求是至关重要的。这涉及对光电阴极性能指标的精确界定,这些指标包括但不限于光电转换效率、响应速度及稳定性。光电转换效率是衡量光电阴

极将光能转化为电能的能力，其高低直接影响到光电系统的性能。响应速度则反映了光电阴极对光信号的反应快慢，对于需要快速响应的应用场景尤为重要。稳定性则是指在长时间工作过程中，光电阴极性能保持一致的能力，是评估其可靠性的关键指标。除了明确这些具体的性能指标，还需要深入了解测试的背景和目的，这有助于更好地理解测试的意义和价值，从而制订出更加贴合实际需求的测试计划和方案。通过全面了解测试的背景，可以把握测试的重点和难点，避免在测试过程中走弯路。同时，明确测试的目的也有助于更好地设定测试的预期结果，为后续的数据分析和结果评估提供明确的参考标准。

### （二）选择与准备测试设备

根据测试目标和要求，选择、准备适当的测试设备是测试准备的重要一步。这包括：

1. 光源：选择能够提供稳定且波长可调的光源，以满足不同测试需求。

2. 检测仪器：如光功率计、示波器等，用于准确测量和记录测试过程中的光电流、响应时间等参数。

3. 辅助设备：如单色仪、滤光片等，用于调节和控制光源的波长和强度。

确保所选设备具有良好的性能和准确性，并进行必要的校准和调试。

### （三）搭建与调试测试系统

在准备好测试设备之后，搭建一个稳定可靠的测试系统成为下一步关键任务。这涵盖了将光源、检测仪器及其他辅助设备依

据详尽的测试方案进行精准的连接与设置。设备的布局和接线方式在整个搭建过程中显得尤为重要,因为它们直接关系到光路的准确性及信号的稳定性。任何微小的偏差或不当连接都可能对最终的测试结果产生显著影响。搭建工作完成后,是对整个测试系统的全面调试和验证。这一环节涉及检查各个设备是否处于正常工作状态,光路是否精确对齐,以确保光束是否能够无误地到达检测器及信号传输是否稳定无干扰。在调试过程中可能需要反复调整设备位置和参数,直至达到最佳状态。通过这一系列细致入微的操作和校验,可以确保所搭建的测试系统能够在正式测试时提供准确、可靠的数据结果,从而为后续的性能分析和优化奠定坚实基础。

### (四)制订详细的测试计划与流程

根据测试目标和要求,制订详尽的测试计划和流程是测试准备阶段的最后一步,也是至关重要的一环。这涉及对测试每个环节的细致规划,包括具体步骤的确定、时间安排的合理性及人员分工的明确。测试计划必须确保整个测试过程的系统性,每一步都要有明确的目的和预期结果,避免出现混乱或遗漏。同时,完整性也是不可忽视的,测试计划应覆盖所有需要测试的性能指标和可能遇到的场景,以确保测试结果的全面性和准确性。此外,可重复性同样重要,测试计划应设计得足够严谨和细致,以便在相同条件下能够重复进行,从而验证测试结果的稳定性和可靠性。时间安排方面,要充分考虑测试所需的时间和资源,避免因为时间紧迫而影响测试的质量和效果。人员分工方面,要明确每个人的职责和任务,确保测试过程中各个环节的顺畅进行。

## 二、性能测试项目

### （一）光谱响应测试

在光电阴极性能测试中，一个核心环节是深入探究其在不同波长光照射下的响应特性。此项测试能够精准地揭示出阴极对于哪些特定波长的光具有最高的敏感度，这是理解其工作原理与性能表现的关键所在。同时，测试还覆盖了阴极在不同波长光下的响应度，这是一个衡量其将光能转化为电能效率的重要指标。通过这一系列详尽的测试数据，我们不仅能够全面了解阴极的光谱响应范围，还能对其响应的均匀性进行科学的评估。这些数据为阴极的选材、设计优化，以及在实际应用中的性能预测提供了有力的依据，确保了光电阴极能够在各种复杂的光照环境下均能够表现出色，满足日益严苛的应用需求。此环节的测试是光电阴极性能评估中不可或缺的一部分，其重要性不言而喻，它不仅为研究者提供了宝贵的实验数据，也为光电技术的持续发展与创新奠定了坚实的基础。

### （二）暗电流与背景噪声测试

测量光电阴极在无光照射或微弱光背景下的电流输出，这一指标被称为暗电流。暗电流的测量对于评估光电阴极的性能至关重要，因为它直接影响到器件在微弱光信号检测中的准确性和可靠性。通过精确测量暗电流，可以深入了解阴极材料在没有光照条件下的电学行为，从而为其在实际应用中的性能表现提供重要参考。除了暗电流，背景噪声水平的评估也是本小节的重要内容。背景噪声主要来源于器件自身及外部环境，它会对微弱光信号的

检测造成干扰,降低信噪比和探测灵敏度。因此,通过评估背景噪声水平,可以更加准确地确定光电阴极在微弱光信号检测中的性能表现。这一评估过程不仅有助于了解器件的探测极限,还能为后续的优化设计和改进提供有力支持。

### (三)稳定性与可靠性测试

在光电阴极性能测试中,对其在长时间工作和多变环境条件下的稳定性进行探究,是极为关键的一环。这一环节通过让光电阴极进行连续工作,或是在不同的环境应力下——如波动的温度与湿度对其施加考验,以细致地观察并记录其性能的变化情况。目的在于检测阴极在经过一段时间的使用后,是否会出现性能衰减,以及衰减的程度如何。这样的测试不仅能够帮助评估光电阴极的使用寿命,更能够揭示其在各种实际工作环境中的可靠性。毕竟,一个优秀的光电阴极不仅要有出色的初始性能,更要有在各种条件下都能保持稳定的能力。

### (四)响应速度与时间特性测试

在光电阴极性能测试中,测量光电阴极的响应速度,特别是上升时间和下降时间是关键参数。上升时间通常定义为从阴极接收到光信号开始,到其输出电流达到稳定值的某一特定百分比(如90%)所需的时间。同样,下降时间则是从光信号消失开始,到阴极输出电流降低到稳定值的某一特定百分比所需的时间。这两个参数直接反映了光电阴极对光信号变化的响应快慢。在高速光电应用中,如激光雷达、高速光通信等,光电阴极的响应速度至关重要。较快的响应速度意味着阴极能够更迅速地捕捉和响应光信号的变化,从而提高系统的整体性能。因此,准确测量这些关键参数

对于评估光电阴极在高速应用中的适用性具有重要意义。为了获得准确的测量结果,需要采用合适的测试方法和精密的测试设备。通常,可以使用高速示波器和光源来模拟光信号的变化,并记录阴极的输出电流随时间的变化情况。

### (五)结构与材料特性表征

光电阴极性能测试还包括对阴极结构和材料特性的深入分析。这一测试运用了显微结构观察、材料成分分析等多种先进技术手段,旨在揭示光电阴极的微观世界与材料本质。通过这些精细的观测与分析,可以清晰地了解到阴极的内部结构、材料的组成与相互关系,以及它们如何共同影响着阴极的宏观性能。这些数据不仅为理解阴极当前的性能表现提供了基础支撑,更为后续的性能优化和改进工作指明了方向。知道了材料的特性与结构,就能够更有针对性地进行改良,从而提升阴极的光电转换效率、稳定性等关键指标。对阴极结构和材料特性的深入分析虽然处于测试流程的末端,但其重要性却不容忽视。它不仅是前面测试环节的延伸与深化,更是连接理论与实践、当前与未来的桥梁,为光电阴极技术的持续进步与创新提供了有力的科学支持。

## 三、测试技术与方法

### (一)光谱响应测试

#### 1. 在线测试技术

在线测试技术应用于光电阴极激活过程中,通过动态光谱响应测试系统实现原位、动态的光谱响应监测。此技术能实时捕捉光电阴极在不同激活阶段的光电发射性能变化，为优化激活工艺提供宝贵数据。通过连续改变入射光的波长，记录对应的光电流响应，构建光谱响应曲线，揭示光电阴极对光的敏感性和选择性。

**2. 曲线拟合分析**

基于获得的光谱响应曲线，采用曲线拟合技术进行深入分析。此过程旨在间接评估光电阴极的关键性能参数，如电子表面逸出几率、扩散长度及后界面复合速率，这些参数对于理解光电转换机制和提升器件性能至关重要。

### （二）光电特性测试

**1. 高分辨 X 射线衍射仪（HRXRD）**

HRXRD 技术用于深入分析光电阴极材料的晶体结构。通过测量衍射图谱，可以精确评估材料的结晶质量和相组成，为材料选择和制备工艺优化提供指导。

**2. 原子力显微镜（AFM）观测**

AFM 技术用于高分辨率地观测光电阴极材料的表面形貌。通过三维成像，详细记录表面粗糙度、颗粒大小等微观特征，这些特征直接影响光电阴极的光电性能。

**3. 透射率与反射率测试**

透射率与反射率测试用于评估光电阴极的光学性能。通过测量材料对入射光的透射和反射比例，了解其对光的吸收、透射和反射机制，为优化光电转换效率提供依据。

**4. 光致发光（PL）研究**

PL 技术用于研究光电阴极材料的光生载流子复合过程。通过测量材料在光照下产生的发光强度,分析光生载流子的复合速率和光电转换效率,为评估材料的光电性能提供重要信息。

### (三)多信息量测试技术

**1. 光弹效应应用**

光弹效应技术用于检测光电阴极材料内部的应力分布。通过测量光的偏振状态变化,分析材料在制备过程中产生的内部应力,评估其对光电性能的影响。

**2. 单色光电流测试**

单色光电流测试直接测量光电阴极在单色光照射下的光电流响应。通过改变单色光的波长和强度,构建光电流响应曲线,提供关于光电阴极光谱响应范围、光电转换效率等关键性能参数的信息。

## 四、测试系统与设备

### (一)光源系统

光源系统是光电阴极性能测试的基础,它为测试提供了必要的单色光或宽带光。在测试过程中,光源的稳定性和光谱特性对测试结果有着至关重要的影响。因此,选择合适的光源,确保其在测试波长范围内具有均匀且稳定的光谱输出,是构建高性能测试系统的首要步骤。

### (二)光栅单色仪

光栅单色仪在测试系统中扮演着分光和选频的重要角色。它能够将光源发出的光进行色散，从而分离出不同波长的单色光。通过精确调整光栅单色仪的参数，我们可以选择出测试所需的特定波长的光，为光电阴极的性能测试提供精确的光谱条件。

### （三）微弱信号测试模块

由于光电阴极产生的光电流信号通常非常微弱，因此，微弱信号测试模块在测试系统中具有举足轻重的地位。该模块的主要功能是对光电阴极产生的微弱光电流信号进行放大，以便后续的处理和分析。一个高性能的微弱信号测试模块应该具有低噪声、高灵敏度和高稳定性等特点，以确保测试结果的准确性。

### （四）A/D 转换器

A/D 转换器是测试系统中实现模拟信号与数字信号转换的关键组件。它将微弱信号测试模块放大后的模拟光电流信号转换为数字信号，以便计算机进行进一步的处理和分析。A/D 转换器的精度和速度直接影响到测试结果的准确性和实时性，因此，选择高性能的 A/D 转换器对于构建高精度的测试系统至关重要。

### （五）微机与系统软件

微机与系统软件是测试系统的控制和数据处理中心。微机通过系统软件对测试过程进行精确控制，并实时采集、处理和显示测试结果。系统软件通常具有友好的用户界面和强大的数据处理功能，能够方便进行测试参数设置、数据采集、实时处理以结果显示等操作。一个优秀的系统软件应该具有稳定性高、易用性强和扩展性好等特点，以满足不同测试变化和升级的需求。

# 第三节　实验数据分析与处理

## 一、实验数据分析

### (一)实验数据收集与处理方法

#### 1. 实验数据收集

在电子发射与光电阴极的实验中,数据收集是确保实验结果准确性和可靠性的关键环节。选择合适的测量仪器至关重要,如高精度的光电流计能够捕捉微弱的光电流变化,而稳定的电压源则能提供恒定的电场环境,从而确保实验条件的稳定性和可重复性。确定需要收集的数据类型是实验设计的核心,这不仅包括光电流随电压变化的曲线,以揭示光电阴极的发射特性,还包括光谱响应曲线,以展示阴极对不同波长光子的敏感程度。在实验过程中,每一步操作都必须严谨细致,确保实验数据的真实性和有效性。同时,实验环境的控制也不容忽视,如温度、湿度等环境因素的微小变化都可能对实验结果产生显著影响。因此,实验者必须采取一系列措施来减小这些外界因素的干扰,如使用恒温设备、保持实验室的清洁和干燥等。

#### 2. 数据预处理

收集到的原始实验数据是科学研究的基石,但其往往包含各种杂质和非理想因素,因此,数据预处理成为不可或缺的一环。数据预处理涵盖数据清洗、数据转换和数据标准化等多个关键步骤。在数据清洗阶段,主要任务是剔除那些由于实验误差、设备故障或其他原因导致的异常值、噪声和重复数据,从而确保数据集的纯净与准确,为后续分析奠定坚实基础。数据转换则着眼于将数据从原始形态转变为更便于分析处理的形式,例如,在光谱分析中,将复杂的光谱数据转换为直观的光谱响应曲线,有助于研究人员更清晰地洞察数据背后的科学规律。而数据标准化的目的则是为了抹平不同量纲和数量级之间的差异,使得不同来源、不同尺度的数据能够在同一平台上进行公平比较,进而提升数据分析的准确性和有效性。

**3. 数据分析与处理方法**

经过预处理后的电子发射与光电阴极实验数据,蕴含着丰富的信息和潜在的规律。为了深入挖掘这些数据背后的秘密,常用的数据分析方法如统计分析、时间序列分析和频谱分析等被广泛应用。统计分析能够揭示数据的集中趋势、离散程度,以及变量之间的相关关系,为实验者提供全面的数据概貌。时间序列分析则专注于捕捉数据随时间演变的动态特征,无论是周期性变化还是长期趋势,都能通过这种方法得到精准刻画。而在研究光电阴极对不同波长光子的响应时,频谱分析则发挥着不可替代的作用,它能够准确识别出阴极的敏感光谱范围及响应强度。选择合适的数据分析方法,不仅依赖于实验的具体目的,还与所收集数据的类型紧密相关。最终,通过这些方法的综合应用,实验者能够得出具有说服力的结论,并对实验结果进行合理的解释。

## (二)数据分析原则与步骤

**1. 明确分析目标与收集数据**

在进行电子发射与光电阴极的数据分析之前,明确分析的目标与问题至关重要。这不仅能指引数据收集的方向,还能确保最终分析结果的针对性和有效性。目标与问题的确立,应围绕电子发射效率、光电阴极性能评估等核心议题展开,旨在揭示潜在规律、优化性能或解决实际应用中的难题。数据收集是分析过程的基础,涉及发射电流、电压、光谱响应等关键参数的获取。这些数据可通过精密的实验测量获得,也可从权威文献或仿真模拟中提取。在收集过程中,必须严格把控数据的准确性、完整性和可靠性,以确保分析结果的信度。同时,要始终遵守数据采集与使用的法律规范,保护知识产权,尊重原始数据提供者的权益。

**2. 数据预处理与探索性分析**

数据收集完成后,数据预处理与探索性分析成为后续分析的基石。数据预处理是一个至关重要的步骤,它涵盖了数据清洗、整理、转换和标准化等多个环节。清洗环节旨在剔除异常值和噪声,这些异常和噪声可能源于实验设备的误差或实验操作的不规范,它们会干扰数据的真实性和准确性。整理环节则是对数据进行有条理的分类和排序,使其呈现出清晰的结构和逻辑关系。转换环节则是根据分析的需要,对数据进行适当的变换,如对数转换、标准化等,以更好地揭示数据的内在规律。而探索性分析则是一种开放性的数据分析方法,它主要依赖于统计方法和数据可视化工具来揭示数据的潜在模式和趋势。例如,通过绘制发射电流随电压变化的曲线图,可以直观地观察到电流与电压之间的变化关系;而分析不同光谱响应下的电子发射特性,则可以揭示出光电阴极对不同波长光子的敏感程度和响应机制。这些分析不仅有助于深入理解数据的本质,还能为后续的数据建模和解释提供有力的支撑。

### 3. 数据分析与结果解释

数据预处理和探索性分析结束后,进一步的数据分析与结果解释便成了核心任务。在这一阶段,研究者需要运用一系列高级的数据分析技术和建模方法,对数据进行深入的剖析。回归分析、时间序列分析、聚类分析等方法的运用,不仅有助于揭示数据间隐藏的关联,还能预测未来可能的发展趋势,为决策提供有力的数据支撑。然而,数据分析并不仅仅是冷冰冰的数字和模型,其结果解释同样重要,它需要将冰冷的数字转化为有温度、有深度的见解和洞察。通过对数据的解读,研究者能够发现潜在规律,洞察市场变化,甚至预测行业走向。最后,将这些分析结果以清晰、简洁的方式呈现出来,确保分析工作价值得以体现。通过图表、报告等形式,将复杂的分析结果转化为易于理解的信息,有助于相关人员快速把握分析结果,做出明智的决策,或采取相应的行动。

## (三)数据可视化与解读

### 1. 数据可视化基础

在电子发射与光电阴极的研究领域里,数据可视化发挥着举足轻重的作用。这一工具不仅让研究人员能够更直观地理解复杂的实验数据,还能帮助他们轻松发现数据中的隐藏规律和趋势。数据可视化的过程通常包括图表绘制、图像处理等关键步骤,这些步骤将原本枯燥的数据转化为生动、直观的图形和图像。在电子发射与光电阴极的研究中,光谱响应曲线是一种常见且重要的数据可视化方法。通过绘制光谱响应曲线,研究人员可以清晰地看到光电阴极对不同波长光子的响应情况,进而分析出其光谱敏感性和选择性。此外,量子效率曲线也是另一种常用的数据可视化手段，它展示了光电阴极在不同条件下的量子效率变化，有助于研究人员深入理解电子发射的机制和效率。除了上述方法，电流密度分布图也是电子发射研究中不可或缺的数据可视化工具。

**2. 光电阴极性能参数的可视化解读**

光电阴极的性能参数，如灵敏度、量子效率和光谱响应等，是评估其性能优劣的关键依据。数据可视化作为一种直观且高效的工具，能够极大地帮助我们对这些参数进行深入的解读和比较。通过绘制不同光电阴极材料的光谱响应曲线，可以清晰地观察到它们在不同波长下的响应范围和响应强度。这种直观的呈现方式使得比较不同光电阴极材料之间的性能差异变得轻而易举。同时，量子效率曲线的绘制，则能够揭示光电阴极在不同波长下光电转换效率的高低，从而更全面地了解其性能表现。此外，数据可视化还可以帮助我们识别光电阴极性能的潜在优化点。

**3. 电子发射过程的数据可视化分析**

电子发射，作为光电阴极工作的核心过程，其机制的深入理解和影响因素的精准掌握对于光电阴极的性能提升至关重要。为了达成这一目标，数据可视化分析扮演了不可或缺的角色。通过高速摄像机，我们可以记录电子发射的每一个细微瞬间，捕捉其动态过程的每一个细节。图像处理技术则进一步助力，从大量的图像数据中提取出电子发射的时空分布信息，使研究人员能够直观地观察到电子的运动轨迹、发射密度等关键参数。此外，结合数值模拟方法，我们可以对电子发射过程进行仿真和可视化展示。这种仿真不仅可以帮助我们验证实验结果的准确性，还可以预测不同条件下电子发射的潜在变化，为实验设计提供指导。这些可视化分析手段，如同电子发射研究的显微镜，让研究人员能够更深入地洞察电子发射的微观过程。

## 二、电子发射特性分析

### (一)电子发射的基本概念

电子发射,指的是电子从物质表面逸出到真空中的现象,它是电子器件工作的基石,广泛渗透于真空电子器件、光电器件等诸多领域。电子发射现象的存在,使得电子能够在不同的物质之间传递信息或能量,从而实现了众多现代电子技术的应用。电子发射具有多种分类方式,每一种都反映了电子逸出机制的不同特点。热电子发射,即通过加热物质使其内部电子获得足够能量,从而越过表面势垒逸出。这种发射方式在真空管等老式电子设备中尤为常见。光电子发射,则是利用光子与物质相互作用,使得电子吸收光子能量后逸出。这种方式在光电倍增管、太阳能电池等光电器件中发挥着关键作用。此外,还有次级电子发射,即入射电子与物质表面相互作用,导致物质表面释放出更多电子的现象,这在电子显微镜等高端设备中有所应用。

### (二)电子发射的动态特性

电子发射的动态过程是一个复杂而精细的序列,涵盖了电子的激发、输运和逸出等多个关键阶段。在这一系列过程中,电子在材料内部的运动规律及能量转换机制是揭示电子发射微观机制的核心。电子的激发是电子发射的起始阶段,它通常受到外部激励条件的影响,如光照、电场等。在这些激励条件下,电子从原子或分子中获得足够的能量,从而跃迁至更高的能级或成为自由电子。随后,这些被激发的电子在材料内部进行输运,它们遵循一定的物理规律，如量子力学的波函数描述，在晶体结构中移动。在输运过程中，电子可能经历能量的损失与转换，这取决于材料的性质，如能带结构、电阻率等。一些材料可能具有特殊的电子结构，使得电子在输运过程中更加高效，减少能量损失。最终，当电子到达材料表面时，它们需要克服表面势垒才能逸出到真空中。

### （三）电子发射的效率与稳定性

电子发射的效率和稳定性是评价其性能的关键指标，对于确保电子器件的可靠运行至关重要。评估电子发射效率时，量子效率和电流密度是两大核心参数。量子效率反映了电子发射过程中光子转化为电子的效率，其测量涉及精密的光电转换装置和数据处理方法。而电流密度则直接体现了单位面积内电子发射的强度，其测量数据依赖于精确的电流检测技术和面积测量手段。通过测量与分析，可以深入了解电子发射的效率水平，为优化电子发射性能提供依据。电子发射的稳定性同样受到多种因素的影响。温度、湿度和真空度等环境条件的变化都可能对电子发射的稳定性产生显著影响。此外，材料的老化和污染也是导致电子发射性能下降的重要原因。

### （四）电子发射的应用与发展趋势

电子发射技术在多个领域展现出了广泛的应用价值和广阔前景。在真空电子器件中，电子发射技术为电子束的产生和控制提供了关键支持，使得电视机、雷达等设备得以正常工作。在光电器件领域，电子发射技术的应用推动了太阳能电池、光电传感器等设备的性能提升，为光电转换和信号检测提供了高效手段。此外，在粒子探测器中，电子发射技术也发挥着不可或缺的作用，它帮助科学家们捕捉和分析粒子信号,为物理学研究提供重要工具。除了上述应用案例,电子发射技术还在不断拓展其他应用领域。随着新材料和新工艺的不断涌现,电子发射性能得到了显著提升,为各领域的创新应用提供了更多可能性。例如,新型纳米材料的应用使得电子发射的效率和稳定性得到了显著提升,为下一代电子器件的研发奠定了基础。同时,电子发射技术也在与其他技术进行融合与创新。例如,将电子发射技术与微纳加工技术相结合,可以制造出更小、更高效的电子发射器件;将电子发射技术与信息技术相结合,可以实现更快速、更准确的信号传输和处理。

## 三、光电阴极性能分析

### (一)光谱响应特性分析

在光电阴极性能分析中,光谱响应特性扮演着举足轻重的角色。它直接关系到光电阴极在不同波长光照射下的响应能力,是评估光电阴极性能优劣的重要指标之一。在实际应用中,通过测量光电阴极对不同波长的光的灵敏度和响应度,可以绘制出详细的光谱响应曲线。这一曲线不仅直观地展示了光电阴极在不同波长下的光电转换效率,更深入地揭示了其光谱响应范围和均匀性。曲线的形状、峰值和变化趋势,都为我们提供了光电阴极性能的重要信息。分析光谱响应曲线,我们可以了解到光电阴极对不同波长光的响应敏感度。对于某些特定应用,如光谱分析、光电探测等,选择具有特定光谱响应范围的光电阴极材料至关重要。同时,曲线的均匀性也反映了光电阴极性能的稳定性,对于保证设备的长期稳定运行具有重要意义。

## (二)时间响应与稳定性评估

时间响应与稳定性,作为光电阴极性能的两大核心评估指标,对于理解光电阴极的工作效能及其在实际应用中的表现至关重要。时间响应特性直接反映了光电阴极在光照刺激下产生光电子的迅捷程度与效率。具体而言,通过精确测量光电阴极的上升时间与下降时间等关键参数,研究人员能够清晰地洞察其在应对快速变化光信号时的响应能力。一个优秀的光电阴极应该具备快速的响应速度,以便在高速光电转换过程中捕捉并处理每一个细微的光信号变化。另一方面,稳定性评估则是对光电阴极在长时间持续工作,以及在不同环境条件下的性能表现进行细致考察。这包括探究温度、湿度等环境因素对光电阴极性能的具体影响。

## (三)结构与材料特性对性能的影响

在光电阴极性能分析中,结构与材料特性的探讨至关重要。微观结构、材料组成及界面特性等因素,均对光电阴极的性能产生深远影响。首先,光电阴极的微观结构决定了其内部电子的运动和分布,进而影响其光谱响应特性。优化结构设计,如增加表面积或调整电子传输通道,能有效提升光电阴极的光电转换效率。其次,材料组成是影响光电阴极性能的另一关键因素。不同材料具有不同的能带结构和光电特性,选择合适的材料组合能够显著增强光电阴极的光谱响应范围和时间响应速度。再次,界面特性对光电阴极性能的影响也不容忽视。界面处的电子传输和能量转换效率直接决定了光电阴极的整体性能。优化界面设计,减少界面缺陷和能量损失,是提升光电阴极性能的有效途径。

# 第六章　电子发射与光电阴极的应用领域

## 第一节　电子源与电子束技术

### 一、电子源的基本原理与类型

#### （一）电子源的定义

电子源，简而言之，是指任何能够产生、发射或控制电子流的装置或设备。它是众多电子设备和系统中的核心组件，负责提供稳定、可控的电子束，以满足不同领域的研究和应用需求。在电子源中，阴极是关键的组成部分，它负责释放电子。根据不同的电子发射原理，阴极可以分为多种类型，如热阴极、场发射阴极和光电阴极等。每种阴极都有其独特的发射机制和适用场景。例如，热阴极通过加热材料释放电子，适用于需要较大电流和较低电压的场合；而场发射阴极则利用强电场使电子从材料表面逸出，适用于需要高能量电子束的场合。电子源的性能直接影响到整个电子系统的性能，因此，研究和开发高性能的电子源一直是电子科学和技术领域的重要课题。随着科技的进步，新型的电子源不断涌现，如冷阴极、纳米电子源等，它们具有更高的能量效率、更好的稳定性和更长的使用寿命。

### (二)电子源的工作原理

#### 1. 电子发射

电子发射,作为电子源工作的起始点与核心环节,其机制多样且精妙。在这一过程中,不同的物理机制发挥着关键作用,如热电子发射和场致发射等,它们共同促成了电子从阴极表面的逸出。在热电子发射机制中,阴极扮演着至关重要的角色。当阴极被加热至足够高的温度时,其内部的电子将获得足够的热能,从而具备克服表面势垒的能量。在这一过程中,温度成为决定电子发射数量的关键因素,温度越高,电子获得的能量越大,逸出的数量也越多。热电子发射机制以其简单直观的特性,在早期的电子源设计中得到了广泛应用。场致发射则是另一种重要的电子发射机制。与热电子发射不同,它依赖于外加电场的作用。当在阴极表面施加足够强的电场时,电场力将有效降低阴极表面的势垒高度,使得电子能够隧穿这一势垒而发射出来。场致发射机制在需要高能量、高密度的电子束的场合具有显著优势,如高能物理实验、电子显微镜等领域。

#### 2. 电子聚焦

电子聚焦作为确保电子束精确、稳定指向目标的关键环节,在电子束技术的应用中发挥着举足轻重的作用。聚焦系统的设计和选择,直接决定了电子束的质量和性能。静电聚焦是一种常用的聚焦方式,它利用电场对电子进行偏转,从而实现电子束的聚焦。在静电聚焦系统中,通过精心设计的电极结构,可以产生所需的电场分布,使电子束在传输过程中逐渐收敛,最终聚焦到预定目标。

这种聚焦方式具有结构简单、易于实现的优点，广泛应用于各种电子束设备中。磁聚焦则是一种利用磁场来实现电子束聚焦的方法。在磁聚焦系统中，通过磁场的作用，电子在螺旋运动中逐渐靠近，实现聚焦效果。磁聚焦具有聚焦能力强、稳定性高的特点，尤其适用于对聚焦精度要求较高的场合。电磁聚焦则结合了静电聚焦和磁聚焦的优点，通过同时利用电场和磁场的作用来实现电子束的聚焦。这种聚焦方式既具有静电聚焦的简单性，又具有磁聚焦的高精度，能够在保证聚焦效果的同时，降低系统的复杂性和成本。

**3. 电子加速**

电子加速，作为电子源工作流程的终结篇章，扮演着将电子束推向高能状态的关键角色。在这一环节中，电子经历了从低速到高速的蜕变过程，其能量的提升直接决定了电子束的质量和性能。在加速过程中，电子穿梭于精心设计的电场或磁场之中，如同赛车在赛道上疾驰，不断汲取能量以加速前行。这些电场或磁场，如同赛道的加速带，为电子提供了强大的推动力。加速电压或加速磁场的精确调控，确保了电子能够获得稳定且持续的能量输入。随着电子速度的不断攀升，其携带的能量也越来越大。这一过程犹如精心雕琢的艺术品，每一个细节都至关重要。最终，经过加速的电子束，如同高能射线般射出，其能量之高、速度之快，足以应对各种复杂的应用场景。在电子显微镜中，它以其卓越的分辨率，揭示了物质的微观奥秘；在电子束焊接领域，它以其高效、精准的特性，实现了材料的完美连接；在粒子加速器中，它更是扮演着推动科学研究前进的重要角色。

## 二、电子源与电子束技术在科研领域的应用

### （一）材料科学研究

在材料科学研究领域中，电子源与电子束技术以其独特的功能和精准的操作，成为不可或缺的研究工具。这些技术以其高能量、高精确度的特点，为材料微观结构的解析和性能的优化提供了有力支持。电子束技术能够实现对材料的微区分析，如电子探针微区分析技术，该技术通过聚焦高能量的电子束在材料微小区域上，激发出材料的特征X射线，通过分析这些射线，揭示材料的微观结构和化学成分。这种方法不仅提高了分析的精度，还为材料科学家提供了深入了解材料性能的新途径。此外，电子束技术也被广泛应用于材料表面改性。通过精确控制电子束的能量和束流，可以实现对材料表面的轰击，从而改变其物理和化学性质。这种改性方法具有高效、环保等优点，为材料性能的优化提供了新的思路。在新型纳米材料的制备方面，电子束技术同样展现出强大的潜力，通过精确控制电子束的参数，如能量、束斑大小等，可以实现对纳米材料形貌和性能的精确调控。这为制备具有特定功能的新型纳米材料提供了有力支持，推动了纳米材料科学的发展。

### （二）生物学与医学研究

在生物学与医学的广袤领域中，电子源与电子束技术如同一把锐利的剑，展现出其无可比拟的应用潜力。电子显微镜技术，凭借电子束高分辨率成像能力，为生物学家打开了一扇窥探生命微观世界的窗户。在电子显微镜的观察下，细胞内部的超微结构得以清晰展现，那些平日里难以捉摸的生命奥秘，如今在电子束的穿

透下逐渐显露出真容。电子束在生物学与医学中具有杀菌消毒的作用。通过精确控制电子束的辐照条件和参数,可以有效地杀灭细菌、病毒等病原体,为医学领域的消毒灭菌工作提供全新的解决方法。这种电子束辐照技术不仅高效,而且环保,为医疗环境的清洁与安全保驾护航。在肿瘤治疗领域,电子束技术同样得以应用。通过精确控制电子束的能量和剂量,医生们可以实现对肿瘤细胞的精确打击,减少对正常组织的损伤。这种精准治疗的方式不仅提高了治疗效果,还降低了患者的痛苦和副作用,为肿瘤治疗带来了革命性的变革。

### (三)物理与化学研究

在物理与化学研究领域,电子源与电子束技术展现出了其不可或缺的重要性。这些技术的应用为科研人员揭示了物质内部的奥秘,并为新材料的合成和化学反应的探索提供了全新的视角。电子束在物理研究中的应用尤为突出,通过电子束与物质的相互作用,科研人员能够深入研究物质的电子结构和光谱特性。电子束的高能量和精确性使得研究人员能够获取到物质内部电子的分布、能级及跃迁等信息,进而理解物质的电学、光学等物理性质,这对于新材料的研发及物理现象的解释都具有重要意义。而在化学领域,电子束技术同样发挥着举足轻重的作用。利用电子束激发化学反应,科研人员能够实现对化学反应的精确控制。通过调整电子束的能量、束斑大小等参数,科研人员能够有针对性地引发或促进特定的化学反应,合成新型化合物或探索反应机理,为化学合成提供了新的思路和方法。此外,电子束技术在能源领域也展现出了巨大的潜力,利用电子束加速核反应过程,可以提高能源利用效率,为清洁能源的开发和利用提供了新的途径。

## 三、电子源与电子束技术在工业领域的应用

### (一)电子源在工业生产中的应用

电子源在工业生产中发挥着至关重要的作用。例如,在半导体制造过程中,电子源能够稳定、持续地提供电子束,用于实现精确的微纳加工,如芯片刻蚀、电路连接等,确保半导体器件的性能和质量。此外,电子源还广泛应用于精密机械制造、电子设备组装等领域,为这些行业提供高效、高精度的加工手段。

### (二)电子束技术在焊接与切割中的应用

电子束技术,以其高精度和高能量密度的独特优势,在焊接与切割领域展现出了显著的应用价值。在焊接领域,电子束焊接凭借其出色的性能脱颖而出,其深熔焊能够达到焊缝的高质量焊接,同时焊接变形极小,极大地提升了焊接的精确性和可靠性。这种技术优势使得电子束焊接在航空航天、核工业等高端制造领域得到了广泛应用。在这些对焊接质量有着极高要求的行业中,电子束焊接不仅能够满足严苛的工艺要求,还能够提升产品的整体性能和使用寿命。在切割领域,电子束技术同样展现出了不凡的实力。电子束切割具有速度快、精度高的特点,能够轻松应对各种金属材料的切割需求。无论是厚重的钢板还是精细的合金材料,电子束切割都能够实现高效、精准的切割,大大提高了生产效率。同时,由于电子束在切割过程中热影响区小,切割面质量高,因此能够有效降低生产成本,提升产品竞争力。

### (三)电子束技术在表面处理与改性中的应用

电子源在工业生产中具有举足轻重的地位。在半导体制造这一高精尖领域中,电子源的作用尤为突出,它不仅能够稳定地输出电子束,更能够确保这一过程的持续性,为微纳加工提供了强大的技术支持。从芯片刻蚀到电路连接,每一个细微的步骤都需要电子源的精确参与,以确保半导体器件的性能和质量达到最优。不仅如此,电子源的应用还远远超出了半导体制造的范围。在精密机械制造领域,电子源以其独特的加工方式,实现了对传统机械加工工艺的革新,大大提高了加工精度和效率。在电子设备组装方面,电子源同样发挥着不可替代的作用,为组装过程的自动化和智能化提供了有力保障。值得一提的是,电子源的高效性和高精度,使得它在各个工业领域中都展现出了巨大的应用潜力。无论是汽车制造、航空航天,还是医疗器械、消费电子,电子源都在默默地发挥着它的作用,推动着这些行业的不断进步和发展。

# 第二节　光电探测与成像技术

## 一、医学诊断与治疗

### (一)医学影像诊断

医学影像诊断在医学领域中扮演着至关重要的角色,其中光电探测与成像技术发挥了关键作用。借助 X 射线、CT 和 MRI 等先进的光电成像技术,医生能够获取患者体内的高分辨率图像,为疾病的诊断提供了前所未有的精准度。X 射线技术作为医学影像学的基石，通过穿透不同组织密度的差异，呈现出骨骼、肺部等部位的清晰影像，为骨折、肺炎等疾病的诊断提供了直接证据。CT 技术进一步提升了诊断的精确性，通过计算机对多个 X 射线层面的数据进行重建，生成三维立体图像，使得医生能够更准确地判断病变的位置、大小和形态。MRI 技术是医学影像学的又一重大突破，它利用磁场和射频脉冲激发人体内的氢原子核，通过检测其释放的能量信号来生成图像。MRI 能够清晰地显示软组织、血管和神经等结构，对于脑部、关节等部位的病变检测具有独特优势。这些光电成像技术所生成的图像，不仅帮助医生准确识别病变部位，还能提供关于病变性质、大小及周围组织的详细信息。这些信息对于疾病的早期发现、定位及后续治疗方案的制定至关重要。

### （二）眼科与皮肤科应用

光电探测与成像技术在眼科和皮肤科领域的应用，已经为医疗诊断带来了革命性的改变。在眼科领域，光学相干断层扫描（OCT）技术凭借其高分辨率成像能力，成为眼科医生诊断眼部疾病的得力助手。通过 OCT 技术，医生能够清晰地观察到视网膜和角膜的细微结构，捕捉到微小的病变信息。视网膜病变、青光眼等眼部疾病的早期发现和治疗，得益于 OCT 技术的广泛应用，使得患者能够得到更好的治疗效果和提高生活质量。而在皮肤科领域，光电成像技术同样展现出了巨大的应用潜力。皮肤是人体最大的器官，也是许多疾病的早期表现部位。光电成像技术能够实现对皮肤病变的高清成像，帮助医生准确判断病变的类型和程度。无论是色素痣、皮肤癌还是其他皮肤疾病，光电成像技术都能够提供直观、准确的诊断依据。医生可以根据成像结果，制定针对性的治疗方案，提高治疗效果，减少患者的痛苦。

### （三）生物分子成像与治疗监测

生物分子成像和治疗监测是光电探测与成像技术在医学领域中的重要应用，它以其独特的方式推动了医学诊断与治疗的进步。利用闪烁探测等先进技术，医生能够实现对生物体内细胞和分子的成像，这一突破性的技术为疾病的精准定位提供了可能。无论是肿瘤、血管病变还是其他组织异常，都能通过这种方法被精确地识别出来。更为重要的是，这些技术还能够用于监测治疗过程中的药物分布、代谢情况及疗效评估。医生可以实时观察到药物在体内的流动和分布情况，了解药物的作用机制和效果。这对于个体化治疗和精准医疗来说，具有极其重要的意义。通过精确评估疗效，医生可以及时调整治疗方案，确保患者得到最佳的治疗效果。此外，生物分子成像和治疗监测技术的应用还推动了医学研究的深入发展，它使得科学家们能够更深入地了解疾病的发病机制，为新药的研发和治疗方法的创新提供了有力支持。

## 二、安全监控与防御

### （一）智能安全监控系统

光电探测与成像技术在智能安全监控系统中占据着举足轻重的地位。这一技术的核心在于高精度的光电探测器，它们如同监控系统的“眼睛”，能够实时捕捉并记录下监控区域的每一帧图像信息。这些图像信息在经过一系列的算法处理后，不仅能够实现对目标的自动识别，还能精准地跟踪和定位目标的行动轨迹。光电成像技术的高分辨率特性更是为智能安全监控系统提供了强大的支持。在以往，监控系统的图像往往模糊不清，难以捕捉到关键细节。而现在，借助光电成像技术，监控系统能够清晰地呈现出监控区域的每一个细节，无论是人脸特征、车牌号码还是其他重要信息，都能一览无余。这使得安全人员在进行监控时，能够拥有更加准确、全面的判断依据。他们可以根据系统提供的清晰图像，迅速识别出异常行为或潜在危险，从而及时采取应对措施，确保监控区域的安全。

## （二）周界防御系统

在周界防御系统中，光电探测与成像技术发挥着至关重要的作用，为安全防护提供了坚实的保障。通过精心部署光电传感器和成像设备，系统得以实现对周界区域的全面、无死角的监控，确保每一个角落都在安全掌控之中。当入侵者试图进入监控区域时，光电探测器以其敏锐的感知能力迅速捕捉到异常信号。一旦探测到入侵者的存在，系统会立即启动报警机制，发出高分贝的警报声或触发其他警示装置，以引起安全人员的注意。与此同时，成像设备也在发挥着不可或缺的作用，它们能够实时捕捉入侵者的图像信息，将入侵者的外貌、行动轨迹等关键信息以高清画质的形式呈现给安全人员。这使得安全人员能够迅速了解入侵者的具体情况，判断其意图和危险程度，从而做出及时、准确的应对措施。光电探测与成像技术的结合应用，不仅提高了周界防御系统的反应速度和准确性，还提升了系统的智能化水平。通过自动识别和跟踪入侵者，系统能够实时调整监控策略，优化资源配置，确保防御工作的高效性和针对性。

## （三）夜间监控与识别

在夜间或光线暗淡的情境下，光电探测与成像技术展现了其独特的优势。传统的监控系统在夜间往往因光线不足而难以发挥作用,然而,光电探测技术却能够在此类环境中得到很好的应用。红外光电探测器,作为光电探测技术的重要组成部分,能够在完全黑暗的环境中捕捉到目标的热辐射信息。这种技术原理基于物体因内部热量而发出的红外线辐射,通过红外光电探测器对这些辐射进行捕捉,进而生成图像。由于热辐射不依赖于可见光,因此即使在光线极差的条件下,红外光电探测器也能稳定工作,提供清晰的热成像图像。这些热成像图像不仅清晰度高,而且能够呈现出目标物体的温度分布,为安全人员提供丰富的信息。通过热成像,安全人员可以轻易识别出人体、车辆等目标,并对其进行跟踪和定位。这极大地提高了夜间监控的效率和准确性,使得安全监控不再受时间的限制。

## 三、智能交通与无人驾驶

### (一)交通流量监测与信号控制

在智能交通系统中,光电探测技术以其卓越的感知能力成为不可或缺的一环。道路上的红外线感知器和雷达等传感器,如同智能交通的“眼睛”,时刻注视着过往车辆的动态。它们能够迅速捕捉并记录下车辆的数量、速度及行驶方向,提供着实时、准确的交通数据。这种技术的实时性和高精度是其显著优势,无论白天还是黑夜,无论晴天还是雨天,光电探测技术都能稳定工作,不受环境影响。这使得交通管理部门能够随时掌握道路状况,对交通拥堵做出迅速响应。基于这些实时数据,交通管理部门能够深入分析交通状况,判断拥堵程度,并据此制定合适的交通管理策略。比如,在拥堵路段增加警力巡逻,或者调整交通信号的配时,以优化交通流。这样,不仅提高了交通流动性,也提升了道路通行效率,为市民提供了更加顺畅的出行体验。传统的交通信号控制多依赖固定的时间模式,难以应对复杂的交通变化。而光电探测技术的引入,使得交通信号控制变得更加智能和灵活,它能根据实际交通流量和车辆等待时间,动态调整信号灯的亮灭时间和顺序,确保交通的顺畅与安全。

### (二)无人驾驶车辆的感知与决策

无人驾驶车辆,作为智能交通领域的璀璨明珠,其核心技术之一便是光电探测与成像技术。这种技术的运用,使得无人驾驶车辆能够像人一样"看"清周围的世界,从而做出精准的决策。无人驾驶车辆装备了激光雷达、高清摄像机等多种传感器,它们如同车辆的"眼睛"和"耳朵",时刻捕捉着道路、交通标志、其他车辆及行人等关键信息。这些传感器通过光电探测与成像技术,将外界环境转化为数字信号,为车辆提供了丰富的感知数据。基于这些感知数据,无人驾驶车辆能够自主决策行驶路径,它不仅能够识别出前方的障碍物,还能预测其他车辆的行驶轨迹,从而做出避让或超车的决策。同时,无人驾驶车辆还能实时调整速度和方向,以适应不同的交通环境。光电探测与成像技术为无人驾驶车辆提供了强大的感知能力,使得车辆能够在复杂的交通环境中自如行驶。无论是在高速公路上的高速行驶,还是在城市道路上的拥堵路况,无人驾驶车辆都能够依靠光电探测与成像技术,确保行驶的安全和高效。

### (三)智能交通管理与安全监控

光电成像技术在智能交通管理中,展现出了独特的价值和重要性。高清摄像机等成像设备,就像智能交通的“眼睛”,时刻捕捉着道路上的每一个细节。它们不仅能够记录道路通行情况,还能够精确捕捉车辆的运行状态,甚至是微小的违章行为。这些翔实而精确的信息,为交通管理部门提供了宝贵的数据支持。在日常的城市交通管理中,这些数据发挥着不可或缺的作用,它们帮助交通管理部门全面了解道路的使用情况,发现潜在的交通瓶颈和安全隐患。基于这些数据,管理部门可以制定更加科学合理的交通规划和管理策略,优化交通布局,提升交通效率。同时,光电成像技术在安全监控领域也展现出了其强大的应用潜力。安装在关键路段的摄像机,能够实现对道路、桥梁、隧道等公共建筑的实时监控。无论是白天还是夜晚,无论是晴天还是雨天,这些摄像机都能够稳定工作,为监控中心提供清晰的图像。通过实时追踪交通状况,管理部门能够及时发现并处理交通事故、拥堵等问题,确保城市交通的安全与顺畅。

## 四、环境与资源监测

### (一)大气污染监测

治理大气污染,作为环境保护领域的严峻挑战,正不断受到光电探测与成像技术的关注与应对。这一技术以其独特的方法和手段,为大气污染的实时监测和准确分析提供了强大支持。在光电探测与成像技术的应用中,光度法、荧光法、分光光度法等方法被广泛应用于大气污染物的检测中。这些方法不仅能够快速测定大气中氨气、二氧化硫等有害气体的浓度,还能精确分析其成分,为环保部门及时提供准确的数据。此外,激光雷达技术在大气污染监测中也发挥着重要作用,激光雷达以其高分辨率、高灵敏度的特点，能够深入探测大气中的甲烷、二氧化碳等气体，为环保部门提供关于这些温室气体排放的详细信息。这些信息对于制定有效的环境保护和治理策略至关重要，有助于减少大气污染对生态环境和人类健康的危害。光电探测与成像技术的应用，不仅提升了大气污染监测的效率和准确性，还为环保部门提供了更为全面的数据支持。

### （二）水质监测

水质监测是水资源管理与保护的重要工作。传统的水质监测方法尽管在一定程度上能够揭示水体的污染状况，但仍存在弊端。大量的试剂和化学药品的使用，不仅耗时耗力，更可能引发二次污染，对生态环境造成新的威胁。随着科技的进步，光电探测与成像技术为水质监测带来了革命性的变革。通过激光扫描和光学传感器等先进技术手段，能够实现对水质的实时监测，无须烦琐的采样和实验室分析过程。更值得一提的是，这种非接触式的监测方式，不仅避免了传统方法中可能产生的污染，而且大大提高了监测的准确度和效率。光电探测与成像技术在水质监测中的应用，不仅有助于及时发现水体中的有害物质，还能为水资源的合理利用提供科学依据。通过实时监测水中各种污染物的含量，能够为水资源管理部门及时提供准确的数据，帮助他们制定更为合理的保护和管理措施。

### （三）土壤资源监测

土壤质量作为农业生产和生态环境安全的重要基石，其状况直接影响着人类的生活质量和健康。然而，随着城市化进程的迅猛推进，土壤污染和退化问题日益凸显，给土地资源的可持续利用带来了巨大挑战。在这一背景下,光电探测与成像技术以其独特的优势,为土壤质量的实时监测与分析提供了有力帮助。通过运用光学成像和近红外光谱技术,能够深入探测土壤内部的成分和污染状况,为土地管理者提供精准的数据。具体来说,光电探测与成像技术能够分析土壤中各种元素的含量和分布,帮助相关部门了解土壤的营养状况和潜在污染风险。这对于评估土地利用情况、保护土地资源及制定合理的开发利用策略具有极其重要的意义。此外,该技术还能够监测土壤侵蚀、盐碱化等土壤退化过程。通过实时监测土壤表面的变化,能够及时发现土壤退化的迹象,为土壤保护和修复工作提供科学依据。

# 参 考 文 献


[1]刘元震. 电子发射与光电阴极[M]. 北京:北京理工大学出版社, 1995.

[2]常本康. 多碱光电阴极: 机理, 特性与应用[M]. 北京:机械工业出版社, 1995.

[3]贾欣志. 半导体光电阴极[M]. 北京:科学出版社, 2013.

[4]贾欣志. 负电子亲和势光电阴极及应用[M]. 北京:国防工业出版社, 2013.

常本康. GaAs 基光电阴极[M]. 北京:科学出版社, 2017.

[5]牛憨笨. 一种光电阴极导电基底[M]. 北京:中华人民共和国专利局, 1988.

[6]郝广辉,李泽鹏. n 型纳米薄膜表面 GaN/AlGaN 光电阴极的电子发射特性[J]. 真空电子技术,2020,(03):46-50+59.

[7]赵琦,沈晓明,符跃春,等. 光子增强热电子发射(PETE)太阳能电池的研究进展[J]. 材料导报,2020,34(S1):1-6.

[8]郝广辉,韩攀阳,李兴辉,等. 真空沟道结构 GaAs 光电阴极电子发射特性[J]. 物理学报,2020,69(10):272-278.

[9]王贵圆,富容国,杨明珠,等. 反射式 GaAs 光电阴极的热增强光电发射能量转换理论研究[J]. 真空科学与技术学报,2018,38(09):779-785.

[10]刘峰,石峰,焦岗成,等. 短波红外阈场助式光电阴极 p-In-

GaAs/p-InP 异质结设计与仿真[J]. 红外技术,2015,37(09):778-782.

[11]郭向阳,常本康,王晓晖,等. 反射式负电子亲和势 GaN 光电阴极的光电发射及稳定性研究[J]. 物理学报,2011,60(05):751-757.

[12]闫金良. GaAs/GaAlAs 透射式光电阴极发射电子的平均横向能量[J]. 半导体光电,1999,(04):255-257.

[13]石富文,张工力,高耀龙,等. 一种新型硬 X 射线光电阴极[J]. 光子学报,2001,(09):1135-1137.

[14]张耿民,耿荣礼,石自光,等. 氧化物阴极在激光作用下的电子发射[J]. 真空科学与技术,1996,(04):242-248.

[15]高景华. 多碱光电阴极工艺对象增强器暗背景的影响[J]. 光学技术,1984,(02):14-17.

[16]M. Srinivasan ,D. R. Kulkarni ,杨铎 . S-1 光电阴极的热电子发射的研究与控制[J]. 红外技术,1984,(01):39-41.

[17]G. Hincelin, A. Septier, 杨铎. 在表面等离子激元的激发作用下光电阴极电子发射产额的选择性增强[J]. 红外技术,1981,(03):35-38.

[18]杜威志,王多书,李晨,等. 二次电子发射系数的光电测试方法研究[J]. 真空与低温,2014,20(06):332-334+343.

[19]陈若曦. 基于真空沟道结构的 GaAs 光电阴极材料特性研究[D]. 南京理工大学,2021.

[20]丁力,陈莹,黄人慧,等. 强电场下 Cs_3Sb 光电阴极的激光诱导等离子体发射[J]. 云南大学学报(自然科学版),1992,(S1):173-175.

[21]丁力,陈莹,华中一. 激光驱动 Cs_3Sb 脉冲光电阴极的研究

[J]. 真空科学与技术,1991,(06):369-375.

[22]宣浩,刘永安,强鹏飞,等. 基于光电阴极的超快 X 射线源设计及调制性能研究[J]. 光子学报,2021,50(07):203-210.

[23]李璧丞,余洋,宋也男,等. 基于等离子体电子发射研究进展[J]. 真空电子技术,2020,(04):15-22.

[24]杜晓晴,常本康. 负电子亲和势光电阴极量子效率公式的修正[J]. 物理学报,2009,58(12):8643-8650.

[25]史玖德,王岚. 银-氧-铯光电阴极的发射特性[J]. 真空电子技术,1991,(03):26-29.

[26]李飙,任艺,常本康,等. 负电子亲和势 GaN 阴极光电发射机理研究[J]. 材料导报,2016,30(08):37-40.

[27]闫金良,朱长纯,向世明. 透射式 GaAs(Cs,O)光电阴极发射电子横向能量的研究[J]. 红外与毫米波学报,2000,(04):277-280.

[28]石文奇,张连正,陆玉新,等. 激光驱动光电阴极的研究进展[J]. 真空科学与技术学报,2020,40(09):876-886.

[29]刘燕文,王国建,田宏,等. 激光驱动的新型光电阴极[J]. 中国科学:信息科学,2021,51(09):1575-1586.

[30]石文奇,张连正,陆玉新,等. 光电阴极的研究进展[J]. 真空,2020,57(03):42-48.

[J]. 真空科学与技术,1991,(06):369-375.

[22]宣浩,刘永安,强鹏飞,等. 基于光电阴极的超快 X 射线源设计及调制性能研究[J]. 光子学报,2021,50(07):203-210.

[23]李璧丞,余洋,宋也男,等. 基于等离子体电子发射研究进展[J]. 真空电子技术,2020,(04):15-22.

[24]杜晓晴,常本康. 负电子亲和势光电阴极量子效率公式的修正[J]. 物理学报,2009,58(12):8643-8650.

[25]史玖德,王岚. 银-氧-铯光电阴极的发射特性[J]. 真空电子技术,1991,(03):26-29.

[26]李飙,任艺,常本康,等. 负电子亲和势 GaN 阴极光电发射机理研究[J]. 材料导报,2016,30(08):37-40.

[27]闫金良,朱长纯,向世明. 透射式 GaAs(Cs,O)光电阴极发射电子横向能量的研究[J]. 红外与毫米波学报,2000,(04):277-280.

[28]石文奇,张连正,陆玉新,等. 激光驱动光电阴极的研究进展[J]. 真空科学与技术学报,2020,40(09):876-886.

[29]刘燕文,王国建,田宏,等. 激光驱动的新型光电阴极[J]. 中国科学:信息科学,2021,51(09):1575-1586.

[30]石文奇,张连正,陆玉新,等. 光电阴极的研究进展[J]. 真空,2020,57(03):42-48.